SAMI EL AYACHI
RENÉE HERRNKIND

DER ZUGEWANDTE HUND

MIT KOSMOS MEHR ENTDECKEN
DER SCHLÜSSEL *zur Kommunikation*
SEIT 1822

Körpersprache richtig verstehen und anwenden

KOSMOS

INHALT

Vorwort

Ein Lockdown hat auch gute Seiten. Ohne diese erzwungene Entschleunigung hätte der Autor dieses Buch vielleicht noch nicht geschrieben.
In den letzten Jahren hat das Sachbuch Hund einen immer breiteren Raum am Buchmarkt eingenommen und für Autoren wurde es immer schwieriger, das Besondere des eigenen Werkes für den Leser erkennbar herauszuarbeiten.
Nicht so bei Sami El Ayachi.
Seinen Zugang zur Arbeit mit Hunden, die auf analoger Kommunikation beruht, einem breiteren Publikum zu vermitteln, stellt eine Aufgabe dar, für die er sehr wesentliche Voraussetzungen mitbringt:
Er ist von seinem Wesen her ein ruhiger, einfühlsamer und sehr subtiler Beobachter.
Er ist als ausgebildeter Jurist darauf trainiert, Begriffe und Fakten präzise und differenziert zu beschreiben.
Er hat sich, wie man diesem Buch auch entnehmen kann, sehr ausführlich mit zeitgemäßen Erkenntnissen über Kommunikation, die Paul Watzlawick wie kaum ein Zweiter von der Theorie der Wissenschaft in die Verständlichkeit des Alltags transferieren konnte, auseinandergesetzt.
Sami El Ayachi beginnt mit scheinbar einfachen Übungen. Er ist auch so fair darauf hinzuweisen, dass das Erreichen eines Erfolges nicht nur vom Vierbeiner Ausdauer und viele Wiederholung verlangt.
Diese Übungen sind innerhalb der einzelnen Kapitel im Ablauf detailliert beschrieben und in eine inhaltliche Erklärung eingebettet. Der eigenen Körperhaltung, dem Bewegungsablauf und der Blickführung kommen eine zentrale Bedeutung zu.
Körpersprache als zentrale analoge Kommunikationsebene mit dem Hund, wird in ihrer Bedeutung differenziert dargestellt. Dafür gibt es auch Übungen, die ohne Hund, zum Teil mit Hilfsmitteln oder mit menschlichen Partnern, durchgeführt werden.
Erste gemeinsame Übungen mit körperlicher Nähe und Berührung sollen die Grundlagen für die Rollenverteilung, für Verbindlichkeit und Verlässlichkeit bilden; die Bedingungen bestimmt der Mensch („zu meinen Konditionen"), die Kooperation des Hundes wird mit einem Spektrum an Übungen gefördert.
Nicht das Leckerli, sondern die Freude des Menschen soll den Hund für seine Zuwendung zum Menschen belohnen.
Interaktionen, abgesehen von dem namentlichen Ansprechen des Hundes bei der Einladung zum gemeinsamen Handeln, verlaufen ohne Worte; der Blick, verbunden mit entsprechender Körperhaltung und Bewegung, führt den Hund.

Schritt für Schritt werden die Übungen komplexer und die Orientierung des Hundes am Menschen, trotz scheinbar minimalistischer aktiver Kommunikation, kann durch verfeinerte Beobachtung immer deutlicher erfahren werden. Ein Kapitel widmet der Autor Klopftechniken, die von ihm als energetische Methode bei vielen Hunden erfolgreich eingesetzt werden, um Nähe und Entspannung zu begünstigen und gleichzeitig einen positiven Bindungseffekt auszulösen.
Interventionen, als von vielen Hundebesitzern im Zusammenhang mit Problemverhalten ihres Hundes häufig eingeforderte Lösungen, beleuchtet er unter dem Aspekt von Bindung und Zuwendung höchst kritisch und fordert feinfühlige Korrekturen ein, um „wieder ins Gespräch" zu kommen und stellt Verbindlichkeit und Verlässlichkeit klar in den Vordergrund.
Sami El Ayachi fasziniert nicht nur in seinen Seminaren mit einer besonderen Ruhe, mit unaufgeregter, aber bestimmter Sprache und hoher Konzentriertheit; auch in diesem Buch, das eine Zusammenfassung der Theorie seiner Arbeit darstellt, schwingen diese Eigenschaften spürbar mit. Er vermittelt unter Vermeidung jeglicher Esoterik einen Umgang, der Respekt vor dem Lebewesen, das uns anvertraut ist, zeigt und der auch Verantwortung einfordert.

Blicke sagen mehr als Worte – Sami El Ayachi mit seinen Hunden

Es sollte dem Autor mit diesem Buch gelingen, Leser, die sich vielleicht nur einen Ratgeber erwartet haben, in eine spannende Beziehungsarbeit mit ihrem vierbeinigen Liebling zu verwickeln.

Dr. med. Max Neumann
Neuropsychiater, Kinder- und Jugendpsychiater

Willkommen im Buch

LIEBE LESERIN, LIEBER LESER!

Das ist ein Buch über **Sehnsucht**. Die Sehnsucht nach Gemeinschaft, nach wortlosem Verstehen, nach entspannten Momenten, Verständnis, harmonischem Miteinander, klarer und angemessener Aufgabenverteilung zwischen Mensch und Hund.
Das ist ein Buch über **Hoffnung**. Die Hoffnung auf gelungene Verständigung, auf ein kooperatives Miteinander, auf Entwicklung zum einander zugewandten Team aus Mensch und Hund.
Das ist ein Buch über den **Weg**, der dich dieser Sehnsucht und dieser Hoffnung immer näherbringt, der dahin führt, wo sich die Sehnsucht und die Hoffnung erfüllen können.
Wir Menschen können das erleben und gestalten – durch und mit unseren Hunden. Sie halten uns den Spiegel vor, unverblümt. Das ist unsere Chance für Erkenntnis. Und sie bleiben offen für unsere Angebote, reagieren auf unsere Authentizität und Entschlossenheit. Das ist unsere Chance auf Entwicklung.
Ich freue mich, diesen Weg gemeinsam mit dir und deinem Hund zu gehen.

Entspannt das Leben mit den Hunden genießen

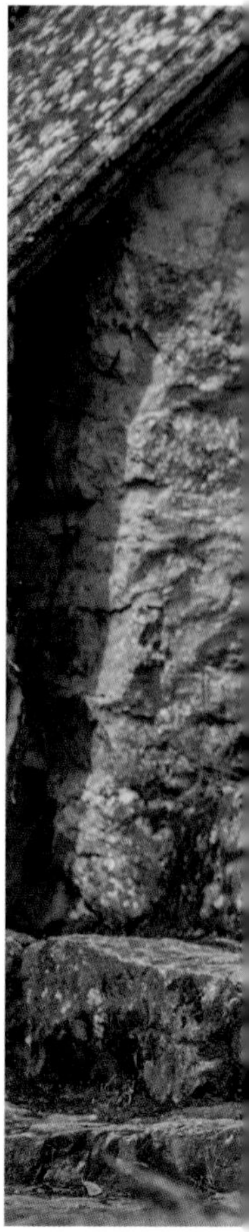

LIEBE HUNDE!

Ja, auch ihr lest mit. Denn während eure Menschen dieses Buch durcharbeiten, wird etwas mit ihnen passieren. Sie werden ihren Körper neu kennenlernen. Ihre Bewegungen bewusster wahrnehmen und klarer ausführen. Euch Hunde direkter ansprechen. Ihre Wünsche und Anforderungen an euch eindeutiger formulieren. Sie werden komische Dinge mit euch machen, wie euren Kopf halten, im Wohnzimmer mit euch im Viereck laufen, auf eure Schädelplatte klopfen. Und sie werden bereits entschlossen und klar formulierend agieren, bevor ihr überhaupt auf „dumme Gedanken" kommen könnt.

Wie fühlt sich das für euch an?

Vertraut euren Menschen – so wie ihr es schon so lange tut. Erlebt dabei, wie wohltuend es ist, einander zugewandt zu sein und zu bleiben. Dafür lohnt es sich, euren Leuten Zeit zu lassen, dieses Buch zu lesen. Versprochen!

LIEBE HUNDETRAINERINNEN UND -TRAINER!

Ich freue mich, wenn ihr, meine professionellen Kolleginnen und Kollegen, das Buch lest. Gern teile ich mein Wissen, meine Erkenntnisse und die von mir entwickelten Übungen mit euch. Mein Buch ist ein detaillierter Leitfaden für systematischen Trainingsaufbau. Ihr könnt darin entdecken, wie ich Hundemenschen anleite. Wenn ihr euch auf dieses hier angelegte Trainingsgelände begebt, werdet ihr in vielen Situationen das Verhalten von Hunden frühzeitiger erkennen können. Ihr findet Vorschläge dafür, Menschen dabei zu unterstützen, das Verhalten ihres Hundes zu modifizieren. Ich freue mich, wenn mein Buch dazu anregt, Grundsatzthemen zwischen Mensch und Hund neu zu beleuchten. Dank geschulter Körpersprache findet ihr im Gespräch mit dem Hund ungewohnte Lösungswege. Das wünsche ich euch genauso wie den Hunden und Menschen, mit denen ihr arbeitet. Mir wünsche ich – ganz im Sinne der kollegialen Fairness – dass ihr zumindest mal in einem Nebensatz auf die von mir entwickelte Arbeit hinweist. Schön, wenn wir weiter im Austausch bleiben.

Sami El Ayachi

Dieses Buch ist ein bisschen wie dein Leben mit deinem Hund.

Du wirst anfangen darin zu lesen,
deine Gedanken werden abschweifen,
du wirst blättern,
lächeln,
den Kopf schütteln,
die Übungen studieren,
daran verzweifeln,
dich ertappt fühlen,
mit Hundefreundinnen und -freunden über
deine neuen Erkenntnisse philosophieren,
anfangen, mit deinem Liebsten auf zwei
Beinen körpersprachlich zu kommunizieren,
Übungszeiten auf deine To-do-Liste schreiben,
dich über das Mehr an Zugewandtheit freuen,
eine neue Nähe spüren,
du wirst es zur Seite legen,
Dinge sacken lassen,
schludrig werden mit den eigentlich fest
eingeplanten Wiederholungen,
dich selbst beschwichtigen,
nochmal von vorne anfangen,
dran bleiben,
immer konstruktiver im Gespräch sein,
Variationen an Übungen erfinden
und dich aus tiefstem Herzen
über die Veränderungen freuen,
die dein Hund und du erleben.

MAN KANN NICHT NICHT KOMMUNIZIEREN

BEGEGNUNGEN AUF AUGENHÖHE

Der Blick eröffnet das Gespräch.

Mensch und Hund – verschieden und doch so ähnlich

Was der Kommunikationswissenschaftler und Psychologe Paul Watzlawick für Menschen formuliert hat, gilt ganz genauso auch für Hunde. Da staunst du jetzt vielleicht, denn sind Mensch und Hund nicht zwei sehr unterschiedliche Lebewesen?

Ich antworte mit Radio Eriwan: Im Prinzip ja – und dennoch haben wir Menschen mit Hunden so viel gemeinsam. Wo der erste Eindruck vor allem die Unterschiede erfasst, lässt sich mit einem tieferen Verständnis die Gemeinsamkeit schnell erkennen. Beide – Mensch und Hund gleichermaßen – sind hoch soziale Lebewesen. Uns verbindet das übereinstimmende Ziel, in stabilen Gemeinschaftsstrukturen leben zu wollen, mehr noch: leben zu müssen. Das ist nicht etwa nur ein theoretisches Konstrukt, auf das wir analysierend und reflektierend zustreben. Evolutionär ist die Gemeinschaft die Garantie für das Überleben als Spezies. Das gilt für uns Zweibeiner genauso wie für unsere geliebten Vierbeiner. Damit können wir auf eine gemeinsame Basis für soziale Interaktionen zurückgreifen, über alle Unterschiede hinweg. Wir leben seit ungezählten Generationen mit einem zugewandten Blick zum Gegenüber. Das hat uns Jahrtausende lang geschult in der für Mensch und Hund gemeinsamen (Körper-)Sprache.

GEMEINSCHAFT IST SINNVOLL

Eine Gemeinschaft zu bilden, ist also zutiefst biologisch sinnvoll. Deshalb setzt sowohl der Mensch als auch der Hund auf den Zusammenschluss – wir in Familien-, Nachbarschafts- oder Freundesstrukturen, der Hund im Rudel, in der Gruppe. Nur die Gemeinschaft gibt den Schutz und die Sicherheit, die sowohl für den Menschen als auch für den Hund überlebenswichtig sind.

Was zeichnet diese Gemeinschaften aus? Ihre existenzielle Kraft entsteht, weil innerhalb der Gemeinschaft jeder seine Fähigkeiten einbringt, neue Kompetenzen wachsen können, die Rollenverteilung klar ist und Schwächere gestützt werden (zumindest im Idealfall). Schon von klein auf lernt der Nachwuchs von den Älteren, von denen mit Erfahrung, mit Kompetenz. Wie vermittelt sich diese sinnvolle Ordnung? Richtig, durch Kommunikation. Wie sie sich konstruktiv entwickeln lässt – selbst über Artgrenzen hinweg – werden wir gemeinsam entdecken.

Vertrautes Miteinander macht vieles möglich.

ALLES BEGINNT MIT BLICKEN

Das erste Bemühen um Verständigung – und nichts anderes ist letztlich Kommunikation – geht sowohl beim Menschen als auch beim Hund von den Augen aus. Der Blick wird für den Einstieg in ein Gespräch eingesetzt. Mit Blicken laden wir uns gegenseitig ein, grenzen uns ab – und Hunde tun das ganz genauso über ihre Augen. Wer jemals beobachten konnte, wie eine Mutterhündin mit eindringlichem Blick ihre aufgeregten Welpen in die Ruhe schickt, weiß sicherlich, wovon ich hier rede. Oder der Augenblick (warum heißt das wohl so?), in dem ein halbstarker 14-Jähriger sich mit dem Oberkörper leicht in Richtung seines Kontrahenten verlagert, sich Raum nimmt und sein Terrain „markiert", ähnelt doch absolut der Körpersprache – dem Kommunikationsverhalten – von Hunden untereinander, die zum Beispiel den Anspruch auf ihren Knochen in dieser Art behaupten.

KOMMUNIKATION IST ALLGEGENWÄRTIG

Es ist ja kein Zufall, dass Mensch und Hund zueinander gefunden haben, Freunde, Partner, Lebensgefährten werden konnten. Uns verbindet nahezu die gleiche Körpersprache. Mit dieser Aussage könnte das Buch enden. Nur folgt jetzt das große Aber: Trotz der vielen Gemeinsamkeiten erleben wir in der Mensch-Hund-Beziehung

zum Teil folgenschwere Missverständnisse. Den Ursachen dafür gehen wir auf den nächsten Seiten auf den Grund. Und wenn du magst, begibst du dich mit konkreten Übungen auf den Weg der Veränderung, damit die Kommunikation mit deinem Hund immer klarer, nachvollziehbarer, einleuchtender wird. Denn auch wenn du nicht weiter daran arbeitest: Kommunikation ist allgegenwärtig.
Menschen – oder besser Lebewesen – sind immer in Kommunikation, ob durch Sprache oder Körpersprache, ob durch Verhalten im Sinne von Taten oder Unterlassungen. Denn Kommunikation, so Watzlawick, findet sowohl verbal als auch nonverbal sowie bewusst als auch unbewusst statt. Da sich Lebewesen immer in irgendeiner Weise verhalten, stehen sie stets in Kommunikation. In neuerer Zeit hat sich in der Neurobiologie und in Kommunikationswissenschaften für dieses Phänomen der Begriff „verkörperte Kommunikation" bzw. „embodied communication" eingebürgert (www.socialnet.de/rezensionen/17842.php).
Solange wir uns zueinander verhalten, senden und empfangen wir Botschaften auf vielerlei Ebenen. Und Hunde lesen uns Menschen, sowohl wenn sie uns voll und ganz zugewandt sind als auch aus den Augenwinkeln, wenn sie vermeintlich dösend im Körbchen liegen. Hunde sind perfekt in ihrer Körpersprache, während für uns Menschen unsere eigene Körpersprache oft gar nicht wahrnehmbar ist, allzu oft unbewusst bleibt. Das ABC der hündischen Körpersprache beherrschen wir Menschen manchmal auch nur lückenhaft, also ist es bestimmt sinnvoll, auf diesem Terrain dazuzulernen.

DREI KS

Den beiden „Ks" Körpersprache und Kommunikation will ich deshalb noch ein drittes „K" zur Seite stellen: konstruktiv. Es geht mir (und ich gehe fest davon aus auch dir) darum, in konstruktive Gespräche mit dem Hund einzutreten. Häufig überwiegt beim Hundetraining der destruktive Teil, der Blick auf den Mangel, das Misslungene, den Missmut. Ja, auch diese Erfahrungen gehören zum Leben mit dem Hund dazu. Welche Beziehung bringt keine Konflikte mit sich? Gut ist es, daraus zu lernen und Missverständnisse aufzulösen. Vielleicht schaffst du es sogar, dabei in eine innere Haltung der Dankbarkeit zu kommen, dankbar für das Feedback, dankbar für ein konstruktives Gespräch, dankbar dafür, eine gute Lösung zu finden, auch wenn das viel Arbeit und Diskussionen mit sich bringen kann.

ZU|GE|WANDT

Das Stichwort „zugewandt" ist das Partizip zu „zuwenden".

Bedeutung: seine Aufmerksamkeit o. Ä. auf etwas richten; sich mit jemandem, etwas befassen, beschäftigen

Synonyme zu „zuwenden": sich hindrehen, sich hinwenden, sich [eingehend/näher] befassen, sich [intensiv] beschäftigen

Quelle: Duden

AUF DEM WEG ZUM ZUGE-WANDTEN HUND

SO SOLL'S WERDEN!
Der Hund bleibt zugewandt.
Volle Orientierung am Menschen trotz Ablenkung
durch Begegnung und Futter.

Was hilft, was stört?

Du willst einen Hund an deiner Seite, der sich bereitwillig an dir orientiert, sich dir vor allem in konfliktbehafteten Situationen vertrauensvoll zuwendet? Es ist nie zu spät, dafür eine gute Basis zu schaffen.

Voraussetzung für den Erfolg ist, kontinuierlich an den Grundlagen für Vertrauen und Verbindlichkeit zu arbeiten. Zentral dabei ist es, Nähe herzustellen. Dein Hund versteht, dass du und die Nähe zu dir ihm Schutz garantieren. So kannst du das Gemeinschaftsversprechen für deinen Hund nachvollziehbar machen. Er trägt das Verhaltensmerkmal, die Fähigkeit zu Kooperation und Gemeinschaft, das Wissen um Nähe als Schutzfaktor ohnehin in sich. Darauf kannst du aufbauen.

EHER STÖRENDE BEGLEITER

Perfektionismus. Verabschiede dich von diesem Anspruch. Er liefert die Anleitung zum Unglücklichsein stets ungefragt mit. Es kann gar nicht immer alles perfekt sein. Das Leben ist keine permanente Trainingssituation.
Intervention. Zu schnelle und/oder zu häufige Interventionen hemmen nicht nur Verhalten, sondern bremsen auch Kreativität und Kooperationsbereitschaft. Besser ist es, Verhalten auch mal zuzulassen.

EIN HILFREICHER BEGLEITER AUF DEINEM WEG

Achtsamkeit. Sie bedeutet, dich immer wieder in das Hier und Jetzt zurückzuholen, den Augenblick und seine Essenz zu erkennen.

KOOPERATIONSBEREITSCHAFT FÖRDERN

Um einen zugewandten Hund an deiner Seite zu haben, gilt es, seine Kooperationsbereitschaft zu fördern. Natürlich entwickelt sich die Zugewandtheit am besten, wenn du dabei seine Persönlichkeit und den Entwicklungsstand berücksichtigst. Aber jeder Hund kann ein gewisses Maß an Zugewandtheit erreichen. Dein Hund zeigt dir, ob du Regeln so definierst und erklärst, dass er sie versteht und sie umsetzen kann. Wenn er Nähe zu dir als Alternativverhalten zum Außenreiz begreift, kann er bei dir zur Ruhe kommen und dir entspannt zugewandt bleiben – Stress lass nach! Formulierst du auf für ihn verständliche Weise, was ihr aus diesem sicheren Hafen dann gemeinsam tun werdet, kann euer Zusammensein die Harmonie erreichen, von der du schon lange geträumt hast. Und dein Hund vielleicht auch, denn aus der Sicherheit heraus kann seine Freiheit größer werden. Behalte im Hinterkopf, dass wir in diesem Buch den Idealfall durchspielen – und das Leben immer mal wieder dazwischenkommen wird. Das gehört dazu, und erinnert dich daran, tolerant zu bleiben und diese Basisarbeit nie als erledigt anzusehen.

Die Nähe zum Menschen neu entdecken

Nah bei dir ist es schön!

Erkläre deinem Hund in kleinen Schritten, dass die Nähe zu dir angenehm ist und sie ihm Schutz bietet. Und wenn du selber sicher weißt, wohin euer gemeinsamer Weg führen soll, darfst du von deinem Gegenüber auf vier Pfoten das vertrauensvolle Mitgehen verlangen.

Lerne körpersprachlich zu formulieren, was du willst und dein Hund wird dir folgen. Du wirst verlässlich für ihn, er verlässt sich deshalb gern auf dich. So wird eure gegenseitige Verbindlichkeit gefestigt. Ich erkläre das gern so: „Lerne eine Geschichte so zu erzählen, dass dein Hund darauf brennt, mehr davon zu erfahren." Dann ist eure Gemeinschaft tragfähig, auch in Konfliktsituationen. Und der Wohlfühlfaktor wächst bei Mensch und Hund gleichermaßen spürbar, da sich beide aufeinander verlassen können.

SOZIALE GEMEINSCHAFTEN ALS VORBILD

Nehmen wir uns soziale Gemeinschaften von **Wölfen** und **Hundegruppen** als Vorbild. Bis etwa zum dritten, vierten Monat bleiben die jungen Wölfe/Hunde ganz nah im körperlichen Kontakt zu den erwachsenen Tieren und den Geschwistern. Sie schlafen, essen, ruhen in unmittelbarer Nähe der anderen. So wird die Grundlage für den Zusammenhalt der Gemeinschaft gelegt. Wird der sichere Unterschlupf verlassen, gilt das Gebot des Zusammenbleibens ebenso klar und eindeutig. Die Gemeinschaft sichert das Individuum. Diese Tatsache wird durch das gemeinsame Tun definiert. Jeder selbstständige Austritt eines Einzelnen aus der Gruppe stellt eine Gefahr für alle dar. Das Zusammenbleiben der gesamten Gruppe hat also stets höchste Priorität. Entfernt sich einer unaufgefordert von den anderen, wird er sanktioniert oder unterbrochen. Nur innerhalb eines vorgegebenen Raumes dürfen die Jungen sich frei bewegen.

Die soziale Gemeinschaft der **Menschen** war Jahrhunderte lang nahezu identisch aufgebaut. Inzwischen werden feste soziale Strukturen und stabile Gemeinschaften aber immer seltener. Die Sicherheit, dass Konflikte in der Gruppe sowohl ausgehalten als auch durch für alle verbindliche Regeln

Einladung zum Rankommen

moderiert werden, kann dadurch verloren gehen. Führt das immer häufiger dazu, dass Trennung als die einfachste Lösung angesehen wird?
Hunde bringen uns Menschen dazu, alte und vielfach bewährte Gemeinschaftsstrukturen, die auf Vertrauen, Verlässlichkeit, Verbindlichkeit und Nähe im Sinne der Gemeinschaft basieren, wieder zu entdecken. Wenn der Mensch sich darauf einlässt, mit seinem Verstand und mit seinem Herzen, entsteht häufig bereits über diese Veränderung eine Vertiefung der Mensch-Hund-Beziehung.

Mein Bild dafür: die Tasse mit einem stabilen Henkel. Fühlt sich dein Zusammensein mit deinem Hund schon so an oder bringt der Hund die Tasse häufig zum Kippen, weil er die Nähe noch nicht als angenehm und existenziell wichtig erlebt hat? Um das Bild zu weiten: Wenn der Hund es schon in der Statik nicht schafft, dem Wunsch des Menschen zu folgen und ihm nah zu sein, wird es in der Entfernung oder bei Außenreizen mit Sicherheit nicht klappen. Viele von uns lassen Hunde oft zu sehr gewähren. Wir geben großzügig oder unbedacht Freiräume, verzichten darauf, die Gemeinschaft gezielt zu stabilisieren. Lässt du deinen Hund im Schlafzimmer ruhen, wenn du im Wohnzimmer bist? Schon damit etablierst du Distanz statt Nähe und verbaust euch die Chance, eure Gemeinschaft zu stabilisieren. Erst wenn eine Verbindung fest geknüpft ist, wenn in dieser Verbindlichkeit innere Stabilität und Sicherheit wirken, dürfen Freiheit und Selbstständigkeit aufleben. Dann kann die Entdeckerfreude

wachsen. Und das am besten zunächst gemeinsam, um zu festigen, dass in jedem Zweifelsfall die Rückversicherung und die Nähe beim Menschen die beste Lösung sind.

GEMEINSCHAFT BILDEN OHNE STRESS

Wohl jede Hundehalterin und jeder Hundehalter möchte den eigenen Hund im Konfliktfall so nah wie möglich bei sich haben. So nah soll er dann – gefälligst! – auch bleiben. Wenn die Gemeinschaft vorher nicht in stressfreien Zusammenhängen entwickelt und gefestigt wurde, ist diese Erwartung ehrlicherweise unrealistisch, wenn nicht sogar unverschämt. Unseren Kindern muten wir ja auch nicht zu, bei Tante Ernas 80. Geburtstags plötzlich perfekt mit Messer und Gabel zu essen, ohne es vorher ausreichend am häuslichen Esstisch geübt zu haben, oder?

Übrigens können wir für die Herausforderung der stabilen Nähe von Hunden lernen. Hunde untereinander rufen sich nicht zurück. Für sie ist die Gemeinschaft, der Zusammenhalt, das Beieinanderbleiben wirklich existenzielle Notwendigkeit. Entfernt sich ein Hund unerlaubt aus der Gemeinschaft, wird er eingegrenzt, gepackt, zurückgeholt. Wie unsinnig, wenn wir Menschen beispielsweise schon beim Welpen oder Junghund die Entfernung sogar noch vergrößern, wenn er seinen Radius erweitert, statt hündisch zu agieren und ihn klar in der Nähe zu behalten. Und noch was können wir von den Hunden lernen: Sie handeln dabei meist stimmungsmäßig neutral, sind nicht sauer oder aufgeregt oder empört.

Der Mensch regelt die Verbindung.

Dein Körper spricht

Clicker oder Klapperdose, Schleppleine und konditioniertes Schau-Signal, Futterbeutel oder eingebläuter Fuß-Befehl, immer neue Methoden, immer mehr Hilfsmittel, immer komplexere Konzepte für den Umgang mit dem Hund – all das führt letztlich eher selten zum Ziel einer harmonischen Mensch-Hund-Beziehung.

Viele Halterinnen und Halter rüsten auf, um den Alltag mit ihren vierbeinigen Begleitern zu meistern. Und entfernen sich damit immer weiter vom wirklich verbindenden Element dieser seit Jahrtausenden bestehenden Beziehung, der Körpersprache. Denn das wichtigste Instrument für die Verständigung zwischen Mensch und Hund haben wir immer bei uns: unseren Körper. Hunde sind Meister der feinen körpersprachlichen Signale und können uns lesen wie kaum ein zweites Tier. Lassen wir uns mit ihnen, für sie und für uns, darin ausbilden.

KÖRPERSPRACHE ALS GESCHENK

Deshalb wollen wir mit diesem Buch die bisher weitgehend unbewusste Körpersprache in dein Bewusstsein bringen. Nur dann kannst du Körpersprache gezielt zur Kommunikation mit deinem Hund einsetzen. Und ich verspreche dir: Du musst keine völlig

1

unbekannte neue Sprache lernen, sondern lediglich das grundsätzlich vorhandene körpersprachliche Vokabular sortieren und zielgerichtet einsetzen. Die Hunde nehmen dieses „Geschenk", das wir ihnen damit machen, gern an. Sie lernen ihre Menschen im täglichen Umgang neu kennen, verstehen sie nun wirklich und erleben plötzlich eine intensivere Kommunikation, weil ihr Mensch klar und stabil ist. Sie kehren heim in ihr urtypisches Bild von Gemeinschaft, in der Kommunikation und Interaktion klar geregelt sind. Was gibt es Schöneres?

Wenn es um das Dechiffrieren von Körpersprache geht, sind Hunde uns meist weit voraus. Die meisten Menschen haben verlernt, ihren Körper als Teil unserer vielfältigen Kommunikationsmöglichkeiten einzusetzen. Das fängt häufig schon in der Kindererziehung an. Wie oft wird da Bewegung abgebrochen, stillsitzen angeordnet. Gestikulieren, Reden mit den Händen, Rumzappeln sind eher unerwünscht. Was von Eltern und Erzieherinnen gut gemeint und im Schulsystem geradezu Voraussetzung für das übliche Unterrichten ist, schränkt den körperlichen Ausdruck oft schon im Kleinkindalter erheblich ein. Dabei wären es wichtige Entwicklungsschritte, seinen Körper und seine Wirkungen in der Kommunikation kennenzulernen. Die Erfahrung machen zu dürfen, dass ein langer Blick mit einer Aufrichtung und leicht nach vorne geneigter Körperhaltung beim Gegenüber eine Flucht, einen Angriff, ein Einfrieren und sogar eine spielerische Antwort auslösen können, sind wesentliche Momente, die Kinder heute kaum mehr erleben. Wird Körpersprache eingeschränkt, verhindert das den maßvollen, fein nuancierten Umgang mit diesem genialen Kommunikationsinstrument. Vielleicht lieben wir Hunde nicht zuletzt auch dafür, dass sie uns zu dieser Ursprünglichkeit zurückführen wollen (und können)?

Die Ansprache zum Hund dient der Erhöhung seiner Konzentration:
1 Konstruktiv
2 Destruktiv

2

KÖRPERSPRACHE IST MEHR ALS EIN „NEIN"

Leider wird körpersprachliches Arbeiten im Hundetraining oft reduziert auf übermäßiges Blocken, harten Abbruch oder fragwürdiges Dominanzgebaren. Körpersprache kann doch so viel mehr als nur „Nein" sagen: Freundliche Einladungen zur Zusammenarbeit, verbindliche Aufforderungen zum Gespräch, verlässliches Versprechen von Sicherheit und Ruhe. Hunde verstehen, was wir mit unseren Körpern sagen – jetzt müssen wir Zweibeiner „nur" wieder lernen, uns damit klar auszudrücken.

Kein Hund ist digital

Die Voraussetzung dafür: Wir verabschieden uns aus der digitalisierten Kommunikation.

Das bedeutet nun nicht etwa, beim Gassigehen das Handychecken unter allen Umständen sein zu lassen (obwohl ein solches Verhalten wirklich die Ausnahme sein sollte, wenn es doch eigentlich um das gemeinsame Erleben in der Natur geht). Weil unsere Kommunikation inzwischen so stark auf Digitalisierung ausgerichtet ist, setzen wir oft allein auf Sprache. Mimik, Gesten und Körperbewegung bleiben auf der Strecke, widersprechen im schlimmsten Fall sogar der verbalen Aussage. Zwischenmenschlich haben sich viele damit arrangiert, funktioniert es (scheinbar). Oft reicht diese Art der distanzierten Kommunikation. Im Umgang mit dem Hund scheitern wir damit. Wir registrieren, dass eine „Digitalisierung“ der Kommunikation mit dem Hund zur Verständigung nicht reicht. Und das, obwohl es mittlerweile so viele wissenschaftliche Hinweise darauf gibt, dass Hunde viele der von uns benutzten Worte tatsächlich verstehen. Welche Leistung der vierbeinigen Freunde, die uns allzu gern verstehen wollen. Aber welch ein Kontrastprogramm zu ihrer Natur, denn unstrittig ist, dass die innerartliche Kommunikation von Hunden nahezu hundertprozentig analog ist.
Hunde kommunizieren über ihre Körpersprache. Sie ist spannend, vielfältig und ausdrucksstark. Lernen wir, sie zu lesen und zu verstehen.

Dynamik in der Gemeinschaft, harmonisch und voller Begeisterung

Freundlich und bestimmt eingeladen dank offenem Blick

Dem Welpen eine Chance zum Lernen geben

Allerdings lässt sich in den letzten Jahren vermehrt beobachten, dass immer mehr Hunden die Grundlagen der körpersprachlichen Kommunikation verloren gegangen sind.

Als Ursache dafür kommt zum einen **menschliches Verhalten** in Betracht. Die Stufen der hündischen Kommunikation werden von vielen Hundehalterinnen und -haltern, aber auch von Züchterinnen und -züchtern und Trainerinnen und Trainern, falsch eingeschätzt. Allzu oft wird dadurch eine wesentliche Erfahrung des Hundes verhindert.

Blicken wir auf das natürliche Verhalten von Hunden. Eine kompetente Mutterhündin erklärt den Welpen im Laufe der gemeinsamen Zeit das Leben. Spätestens ab der fünften Woche ist die „Milchbar" nicht mehr dauerhaft „geöffnet". Das muss der Nachwuchs lernen. Wenn die Mutterhündin nun irgendwo steht und ein Welpe möchte an

die Zitze, fällt der mütterliche Blick mit gleichzeitig leichter Verlagerung des Körpers in die Richtung des Kleinen. Das signalisiert: bleib auf Abstand. Wenn der hartnäckige Nachwuchs dennoch näher kommt, baut die Mutter Spannung in ihrem Körper auf, steht etwas steifer da und brummt vielleicht aus der Tiefe ihres Brustkorbs. Ignoriert der Welpe auch dies noch, zeigt die Mutter ihm die Zähne und droht offensiv. Ganz dreiste brauchen dann mehr: Die Hundemutter schnappt sich den Welpen, legt ihn eventuell auf die Seite, stellt ihre Pfote auf seine Schulter und packt mit der Schnauze leicht zu.
Leider, wirklich leider, können viele Menschen mit der dargestellten, biologisch absolut sinnvollen und eindeutigen Kommunikation, mit diesem aversiven Verhalten, nicht umgehen. Sie ertragen die Intervention der Hündin nicht, bewerten sie als aggressiv, fürchten um das Wohl des Wurfs und unterbrechen das Verhalten der Mutterhündin häufig schon auf der Stufe des Drohens. Noch gravierender wirkt es, wenn dann die Mutter für ihr nuanciertes „Stufenmodell" bestraft, weggesperrt oder sogar festgehalten wird, damit der „arme Kleine" endlich trinken darf.
Kein Wunder, dass es zunehmend inkompetente Mutterhündinnen gibt, denen das Rüstzeug zur Kommunikation fehlt.
Werden die Formen der hündischen Kommunikation so manipuliert, fehlen schon den jungen Hunden die Erfahrungen, die sie eigentlich in frühkindlichen Zeiten optimal auf das Leben vorbereiten sollen. Nur mit mehr fundiertem Wissen rund um die Kommunikation von Vierbeinern können Hundemenschen dieser Fehlentwicklung entgegen wirken. Dieser Verantwortung müssen wir Menschen uns stellen.

Aller Digitalisierung, aller Reduktion auf verbale Kommunikation zum Trotz: Auch der Mensch nutzt Körpersprache. Leider allzu häufig unbewusst. Wir alle drücken uns zu mehr als zwei Dritteln körpersprachlich aus – und erfassen und beurteilen unser Gegenüber in Sekundenschnelle über seinen körperlichen Ausdruck und über das, was wir Ausstrahlung nennen.

Wenn Hund und Mensch in einem natürlicheren Umfeld groß werden, sich also körpersprachlich ausdrücken und die Wirkungen erfahren dürfen, hat die Kommunikation zwischen Mensch und Hund eine nahezu identische Basis. Und wer nicht mit diesem Ideal groß geworden ist, kann ab sofort beginnen, ein Gefühl für den eigenen Körper, für seine Körpersprache, zu bekommen. Dann werden konstruktive Gespräche zwischen Hund und Mensch möglich, weil sich die beiden Wesen aus ihren Tiefen zugewandt sind.

Drohen der Mutterhündin gegenüber dem Welpen zur Wahrung der Distanz

Kontaktliegen der Welpen zur Festigung und Sicherung der Gemeinschaft

DIE ERSTEN ÜBUNGEN IM KÖRPER-SPRACHLICHEN ALPHABET

EINE FRAGE DER HALTUNG
Im Mensch-Mensch-Kontakt lässt sich Sicherheit in der Körpersprache ausbilden.

Fang bei dir an

Wir fangen sinnvollerweise am besten ganz vorne im körpersprachlichen Alphabet an – und zwar mit dir, dem Zweibeiner.

STABIL STEHEN

Der stabile Stand ist der Ausgangspunkt jeder gelingenden körpersprachlichen Kommunikation mit dem Hund. Es lohnt also, sich zunächst im stabilen Stand zu schulen. Gut geht das vor dem Spiegel. Hilfreich für die Selbst-Beobachtung ist es auch, wenn dich jemand beim stabilen Stehen filmt.

So geht's

- Aufrecht hinstellen, Oberkörper nach oben ausrichten.
- Schulter locker, leicht hängen lassen.
- Bauch leicht angespannt (Bauchnabel Richtung Wirbelsäule).
- Entspannt tief atmen.
- Füße parallel hüftbreit auseinander.

Experimentiere ruhig ein wenig vor dem Spiegel, bevor du in die Übung mit deinem Hund einsteigst.

Du stehst stabil und führst deinen Blick leicht nach oben über deinen imaginär vor dir sitzenden Hund hinweg, als ob du auf eine rote Ampel schauen würdest. Der Blick nach oben dient immer der Entkräftung der Situation und zwar, ohne dass damit das vorherige Signal aufgelöst wird.

Mein Merksatz dafür: Oben denken, unten handeln!

Dabei kannst du deine Fähigkeit des peripheren Sehens schulen. Du guckst leicht über den Hund hinweg, ohne dein Kinn zu bewegen und nimmst sozusagen im Weitwinkel wahr, was geschieht. Aus deinem stabilen Stand verlagerst du deinen Oberkörper leicht nach vorne, nach rechts, links vorne. Diese Erfahrungen mit deinem Körpergefühl in der jeweiligen Position helfen dir dann, dem Hund gegenüber klar zu kommunizieren.

Gemeinsam könnt ihr nun mit dieser Übung starten.

EINFACH MAL SITZEN

Bei dieser Übung erfährst du bereits einiges über deinen Hund und eure Verständigung.

So geht's

- Du stehst im stabilen Stand vor deinem Hund.
- Du sprichst deinen Hund mit seinem Namen an, verlagerst dein Gewicht in seine Richtung, indem du einen kleinen Schritt auf den linken Fuß nach vorne machst, schaust ihm auf sein Hinterteil und sagst „Sitz“ oder euer entsprechendes Wort für das Sitzen.
- Du nimmst deinen Blick heraus und schaust leicht über deinen Hund hinweg.
- Dein Fuß geht zurück in die parallele Position.
- Du gehst einen kleinen Schritt zurück, vergrößerst die Distanz zwischen euch.
- Du bist ganz bei dir, im stabilen Stand.
- Dein Hund sitzt und ist mit einem Teil seiner Aufmerksamkeit auch dann bei dir, wenn er sich umguckt.

Dein Blick ist entscheidend

Wichtig ist hierbei vor allem deine Blickführung. Mit der Ansage „Sitz“ blickst du auf den Hundepo. Sitzt dein Hund, geht dein Blick weg vom Po des Hundes. Du schaust leicht über das Tier hinweg. Damit entschärfst du die Situation für den Hund. Allerdings bleibt das Letztgesagte, das „Sitz“, gültig. Der Hund muss in der Position verweilen. Dabei darf er sich ruhig umgucken. Er muss nicht die ganze Zeit zu dir schauen. Das kannst du mit deinem Blick über den Hund hinweg (als ob du auf eine rote Ampel guckst) peripher wahrnehmen.

1

2

3

4

1 Blickkontakt zum Hund
2 Gewichtsverlagerung zum Hund
3 Erhöhte Konzentration des Hundes
4 Ansage verstanden – Blick rausnehmen

Nur wenn sich dein Hund aus dem Sitz rausbewegt, Platz macht, sich kratzt oder weglaufen will, muss dein Blick wieder zu ihm gehen, dein Oberkörper sich zu ihm verlagern und die erneute Ansprache und das „Sitz" müssen den erwünschten Zustand wieder herstellen.
Wenn der Hund die Verbindlichkeit des „Sitz" auflöst, korrigierst du. Weil du deinen Blick ja ganz bewusst vom Hund weggenommen hattest, wird das übrigens viel seltener passieren als in all den Situationen, in denen du deinen Hund länger oder gar starrend angeguckt hast (also nach seinem Verständnis ihn angesprochen oder ihn mit deinem Blick sogar aus der Situation herausgedrängt hast). **Der kontrollierende Blick des Menschen ist für den Hund nämlich eher unangenehm. Er versteht ihn als Aufforderung zu einer Handlung oder er will ihm ausweichen und aus der Situation rausgehen.**

Optimal gelaufen?

Allein durch gelassenes Stehen und das Ganz-bei-dir-Sein ziehst du die Aufmerksamkeit deines Hundes auf dich. Dein Hund kann seine Position einnehmen und sich auf dich einlassen. Auch und gerade wenn du einfach nur stehst bist du wer – und für deinen Hund der absolute Fokus.

Klappt noch nicht?

Dein Hund verlässt die Position, steht auf, entzieht sich nach hinten, will seitlich an dich ran?
Hattest du deinen Blick wirklich rausgenommen? Hunde verstehen unseren Blick als Aufforderung, deshalb ist es so wichtig, den eigenen Blick gezielt zu führen. Der Blick fungiert schließlich als Einladung zur Kommunikation.
Wer leicht nach unten „schielt", um die Lage zu kontrollieren, irritiert seinen Hund und der kann dann gar nicht mit seinem Fokus beim Menschen bleiben. Du ertappst dich bei deinem Kontrollblick, wenn du wahrnimmst, dass dein Kinn und deine Schultern sich leicht bewegt haben. Deinem Hund signalisierst du damit, dass du ihn immer im Blick hast. Dabei soll es doch genau umgekehrt sein: Der Hund hat den Menschen im Blick, der Vierbeiner orientiert sich am Menschen.

Dein Blick entscheidet

Wohl jeder von uns hat als Kind den Satz gehört: Schau mich an, wenn ich mit dir rede. Für unsere Kommunikation mit Hunden ist der viel zu schlicht. Ja, wir laden Hunde mit unserem Blick ein. Das ist absolut richtig und für die Vierbeiner auch stimmig. Halten wir unseren Blick jedoch auf dem Hund, irritiert ihn das. Manche Hunde schnuppern dann, andere lassen sich zurückfallen, weichen aus. Sie wollen dem Druck, den unser verweilender Blick bei ihnen aufbaut, entgehen. Wer schummelt, und nur so tut, als ob er die Augen vom Hund weggeführt hat, kommt beim Tier damit nicht durch. **Gerade dieser Kontrollblick löst Hundeverhalten aus, und zwar garantiert nicht das gewünschte, sondern eher das Vermeiden der Kommunikation mit dem Menschen.** Besonders clevere Hunde wählen übrigens die Variante, nach vorne zu gehen, wenn ihr Mensch mit dem Blick bei ihnen verweilt, statt seine Augen dahin zu führen, wo es hingehen soll. Das bringt den Menschen in ein Dilemma.

Prescht der Hund vor, landet der Blick des Menschen unweigerlich auf der Hundeschulter und dieser Druck schickt ihn im Verständnis des Hundes noch weiter nach vorne. **Also in dieser Situation auf jeden Fall mit freundlich-bestimmter Ansprache und klarer Formulierung den Hund zurückholen** – ganz konkret und buchstäblich im Raum ebenso wie im übertragenden Sinne in euer Gespräch. Und vor der nächsten Aufforderung an den Hund noch viel klarer vordenken und dann bewusst umsetzen, bei der Ansprache mit dem Blick zum Hund zu gehen und dann mit der Führung der Augen den Weg zu beschreiben, den ihr gemeinsam gehen wollt.

Wenn Blick und Schulterstellung des Menschen im Einklang sind, geben sie den Laufweg für den zugewandten Hund vor!

Stell dir vor, du bist mit einer Wandergruppe unterwegs und der Wanderführer muss schon an der ersten Kreuzung in der Karte schauen, wo es weitergeht. Immer wieder dreht er den Faltplan oder das Handy um, sucht ganz offensichtlich die richtige Route. Er wirkt hilflos und dein Vertrauen in seine Führungsqualität schwindet sekündlich. Ähnlich fühlt sich dein Hund, wenn du deine Augen nicht von ihm wenden kannst, weil du kontrollieren willst, ob er dir wirklich folgt. Wie soll er dir folgen, wenn du ihm nicht exakt körpersprachlich korrekt bis in den Blick hinein „formulierst", wohin ihr gehen wollt? Souveränität sieht nicht nur mit Hundeaugen anders aus. Erinnere dich an „du bist gemeint" – dein Blick geht zum Hund, und an „das wollen wir tun" – dein Blick zeigt die Wegstrecke an oder geht über den Hund hinweg, weil gerade noch keine Aktion angesagt ist.

1 Futter ruhig in der geschlossenen Hand halten

2 Fragt der Hund durch Blickkontakt beim Menschen nach, geht die Hand auf.

1

2

Ein Experiment

Dein Hund sitzt aufmerksam zugewandt vor dir, du stehst im stabilen Stand. Fange an mit deinem Oberkörper leicht zu pendeln. Aus dem Oberkörper heraus zunächst die Schultern bewegen, den Oberkörper nach rechts verlagern, dein Gewicht geht auf das rechte Bein, dann nach links und nach hinten mit Gewicht auf den Fersen, schließlich nach vorne auf die Ballen. So pendelst du leicht in alle vier Himmelsrichtungen. Diese Bewegung steckt an, der Hund bewegt sich mit. Nimmt dein Hund dich vor allem von der Hüfte an abwärts wahr, überträgt sich die Bewegung meistens nicht. Dann braucht er vielleicht eine kleine Animation, um höher zu dir zu schauen.

Die überwiegende Mehrheit aller Hunde ist von der Pendelei irritiert. Der positive Effekt dabei: Die meisten fangen dadurch verstärkt an, ihren Mensch von oben nach unten zu beobachten. Genau das ist gewollt.

Wichtig: Unsere Bewegungen fangen oben an, Kopf- und Schultern leiten sie ein. Mein Lieblingsspruch dazu: Fangt an mit den Schultern zu denken, nicht mit den Füßen.

HÖRT DEIN HUND DIR ZU?

Wenn mir mein Gegenüber trotz sauberer Körpersprache nicht zuhört, muss ich die Verbindung zunächst auf anderem Wege aufbauen und festigen. Dafür kommt die Basisübung zur Förderung der Kooperation genau richtig. Sie ist der erste Schritt, eine erste Idee für eine Orientierung des Hundes zum Menschen (siehe Seite 58).

VERBINDLICHKEITS- UND KOOPERATIONSÜBUNGEN

VERTRAUEN UND VERTRAUTHEIT
Freundlich eingeladen, kommt der Hund gern ganz nah.

Kein Problem mit Nähe? Von wegen!

Schauen wir uns den Umgang deines Hundes mit Nähe und Distanz an. Schnell wird gesagt: Ach, mit Nähe hat mein Hund gar keine Schwierigkeiten, er kommt häufig und ausgesprochen gern zu mir.

Richtig, die meisten Hunde haben tatsächlich kein Problem mit Nähe – aber zu ihren Konditionen. Also: Wenn sie frei entscheiden können, wann sie rankommen, auf dem Weg zu dir noch einen Umweg machen oder erst mal schnuppern oder pinkeln gehen, wie lange und wie nah sie rankommen und wie lange sie bei dir bleiben, dann genießen Hunde die Nähe zu ihrem Menschen. Aber wie sieht es aus, wenn du diesen Anspruch an deinen Hund formulierst, seine Nähe einforderst? Leider zeigt sich, dass das nur bei den wenigsten Hunden wirklich sicher und verlässlich klappt. Im Gegenteil. Viele Hunde kommentieren die Forderung mit einer abwehrenden Haltung, gehen auf Distanz, winden sich aus den Armen, geben dir das Gefühl einer Zumutung.

HUNDE SIND EINFACH EXTREM EHRLICH

Sie reagieren auf die Anforderungen ihres Menschen: „Du bist gemeint. Komm her zu mir, komm nah zu mir, bleib bei mir“ durchaus unterschiedlich. Der eine wird geradezu völlig unangemessen aufdringlich. Der andere bleibt stur auf Distanz. Manche machen sich steif, der nächste beschwichtigt. Dahinter stecken ganz unterschiedliche Motive. Ein Hund ist vielleicht wirklich überfordert, andere nutzen es als Strategie, um Verhalten beim Menschen auszulösen, mancher ist eventuell einfach noch unbeholfen in der ungewohnten Situation. Meistens schaffen es die Hunde jedoch, ihren Menschen aus der Grundforderung herauszuführen. Lässt du dich so unbemerkt überlisten? Hunde wählen dieses Verhalten, obwohl sie im Prinzip – also zu ihren eigenen Konditionen – Nähe durchaus genießen können. Ist das nicht erstaunlich? Und zeigt es nicht deutlich, dass du im Konfliktfall die Problemlösung „Nähe“ (noch) nicht an den Hund bringen kannst?

NÄHE ALS SICHERER HAFEN

Wenn du auf Nähe als Antwort auf alle Herausforderungen zurückgreifen willst, musst du dem Hund erklärt haben, dass die Nähe zu dir etwas Angenehmes, absolut Sicheres darstellt. Erst wenn er verstehen und fühlen kann, dass die Nähe zu dir sein sicherer Hafen ist, auf den er immer zurückgreifen kann, wird er diese Problemlösung wählen.

1

2

Mit kleinen Schritten baust du deshalb im häuslichen Rahmen das für die Zukunft angestrebte Alternativverhalten auf. Du erklärst deinem Hund ebenso geduldig wie beharrlich: „Du kannst jederzeit zu mir rankommen, neben mir kannst du dich entspannen, zur Ruhe kommen und bleiben." Wenn du diesen Anspruch an deinen Hund nie unabhängig vom Konflikt formulierst und nie darauf bestehst, dass er die Nähe aushält, kennen und genießen lernt, dann ist es vermessen, von ihm zu erwarten, dass er das ausgerechnet im Konfliktfall abrufen kann. Ab heute geht es darum, ihm Nähe nicht als unverbindliches Angebot zu erklären, sondern sie gezielt aufzubauen und zu festigen.

FRAGT DEIN HUND: WAS SOLL DENN DAS?

Beobachte euch einmal im Alltag. Dein Hund liegt einige Meter entfernt von dir. Du forderst ihn auf, zu dir zu kommen und bei dir zu bleiben, bis du ihn freigibst. Kommt er freudig und bleibt? Macht er das auch noch, wenn du die Übung vier, fünf Mal hintereinander machst? Viele Hunde reagieren schon beim zweiten oder dritten Mal gar nicht mehr. Sie heben höchstens mal relativ gelangweilt den Kopf oder drehen ein Ohr in die Richtung der Aufforderung, bleiben aber liegen. „Was soll das denn?", scheinen sie zu fragen.

Wenn er außerhalb eines wirklichen Interessenskonfliktes, wie anderer Hund, Hase oder Fahrradfahrer schon nicht zuverlässig reagiert, wie soll dein Vierbeiner das dann draußen machen, wenn es für ihn gerade wirklich um etwas Wichtiges geht? Wenn du diese Nähe im Wohnzimmer (noch) nicht erwarten kannst, ist es dann fair und realistisch, sie in freier Wildbahn, bei Ablenkung, im Stress zu verlangen? Lass dir und deinem Hund Zeit, daran in den eigenen vier Wänden zu arbeiten.

Viele Hundemenschen fordern in konfliktbehafteten Situationen Nähe ein, aber in entspannten Lagen gewähren sie die große Freiheit. Sie vergeben die Chance, das Näheverhalten gezielt aufzubauen. Nein, es reicht nicht, wenn dein Hund rankommt wann er will, bleibt solange er will, geht wenn er keine Lust mehr auf Nähe hat. Und es reicht auch nicht,

1 Buchstäblich auf Augenhöhe

2 Blick raus, Aufgabe beendet

3

4

wenn dein Hund zwar kommt, aber eine Armlänge Abstand zu dir hält. Hast du das bisher vielleicht sogar durch Füttern in dieser Distanz noch unterstützt?

FREUDE STATT LECKERLI

Apropos Fütterung: Braucht es Leckerli, um deine Freude zu zeigen, wenn dein Hund zu dir kommt? Ganz sicher nicht, denn Streicheleinheiten sind das Nonplusultra in der Beziehung. Körperkontakt wirkt als bestes Belohnungsmittel und verstärkt die Bindung. Das wird sogar hormonell unterstützt. Eine freudig-freundliche Stimmlage kann den Belohnungs- und Bindungsfaktor noch steigern. Wenn du darüber hinaus Futter einsetzen willst, dann verknüpfe das am besten immer mit Streicheln.

Gleich mal ausprobieren

Mit einer Hand füttern, mit der anderen streicheln. Bald erlebt ihr beide, dein Hund und du, dass die beste Belohnung die Zuwendung des Menschen ist. Dann ist dein Hund auf dem richtigen Weg, Nähe neu begreifen zu können und zu verstehen, wie sinnvoll es für ihn ist, in allen Lebenslagen die Kommunikation zum Menschen aufrecht zu erhalten.

Beobachte, was dein Hund als Anerkennung und Lob wirklich braucht

Für viele Hunde ist die echte Freude des Menschen das Größte. Sie sind irritiert, wenn ihr Mensch zu dick aufträgt und im Quietschton alles feiert, was der Hund zeigt. Ignorierst du erwünschtes Verhalten, fehlt deinem Hund das Feedback. Übst du mit deinem Hund zum Beispiel im Magischen Viereck, das du weiter hinten entdecken wirst (siehe Seite 116), vermeide auf jeden Fall, dich beim Loben zum Hund hinzuwenden. Damit verändert sich deine Körpersprache, der Hund wird gestoppt. Lobe in der Bewegung nach vorne raus, da wo es hingeht. Und lobe dich zumindest innerlich auch selbst, wenn ihr im Gleichklang lauft. Denn das ist ja nicht zuletzt dein Erfolg. Offenbar bist du gerade in der Lage, körpersprachlich gut zu kommunizieren.

3 Gemeinsame Freude zählt doppelt.

4 Ein liebevolles Streicheln ist die beste „Belohnung“.

Stimmungsübertragung

Wenn du lächelst, verändert sich nicht nur die Gesichtsmuskulatur, dein ganzer Körper strahlt dann die positive Stimmung aus. Es ist sicher, dass dein Hund das merkt. Deine Stimmung überträgt sich auf deinen Hund, der dadurch noch zugewandter wird.
Apropos Stimmung. Sind wir nicht alle zutiefst davon überzeugt, dass unser Hund schon morgens beim Aufstehen weiß, in welcher Stimmung wir in den Tag starten? Dann sollten wir nicht infrage stellen, dass sie unsere Stimmung bei der Zusammenarbeit ganz fein wahrnehmen.
Beginnst du vor Freude über eure Kooperation und Verbindlichkeit von innen heraus zu leuchten, wird dein Hund das mit Sicherheit merken. Er wird genauso stolz darauf sein wie du, und genauso glücklich sein wie du. Worte und Leckerli können gegen diese tiefe Emotion nur schwer punkten, oder siehst du das anders?

DEINE LERNAUFGABE

Was ist deine Lernaufgabe dabei? Du wirst verlässlich für den Vierbeiner, wenn du ihn wirklich ansprichst – also in deiner Aufmerksamkeit ganz beim Hund bist: „Du bist gemeint." Dich körpersprachlich so ausdrückst, dass klar ist, worum es geht: „Das wollen wir tun." Dafür ist es notwendig, dir darüber bewusst zu werden, was du willst und wie du das über deinen Körper vom Kopf beginnend bis in die Füße nachvollziehbar vermittelst.

1

2

3

1 Der Oberkörper gibt die Bewegungsrichtung vor.

2 Im Gleichschritt voran

3 Der Hund ist voll und ganz freudig auf den Menschen ausgerichtet.

Nicht nur Hunde sind überfordert, wenn Worte und Taten (Körpersprache) nicht stimmig sind, wenn deine Haltung einmal dies bedeuten soll und beim nächstes Mal etwas anderes. Klare Struktur, wiederkehrende Sequenzen, agieren statt reagieren, Stärken und Schwächen des Hundes analysieren und dazu passende Hilfestellungen geben, sein Verhalten antizipieren, um vorausschauend einzugreifen – all das liegt in deinem Entwicklungsfeld.

Wenn du darin sicherer wirst, bleibt deine Wahrnehmung stärker im Verbindenden als bei Ärger und Stress. Gut, dich dann immer mal wieder daran zu erinnern, dass ihr unabhängig von Art, Rasse, Genetik, Vorerfahrungen und Charakter auf eure gemeinsame Sprache zurückgreifen könnt.

Wenn die Nähe stabil ist, wenn die Einkehr in den Nahbereich des Menschen etwas Angenehmes ist, dann will dein Hund im Zweifelsfall immer häufiger darauf zurückgreifen und tatsächlich bei dir ankommen. So kannst du anfangen, daran zu arbeiten.

TRAININGSZUBEHÖR

- Leine maximal 1,5 Meter (verstellbar).
- Ein gut sitzendes, mittelbreites Halsband (kein Klickverschluss, sondern ein Verschluss wie ein Hosengürtel). Kein Geschirr, keine Flex- oder Schleppleine.
- Futter, das der Hund gern mag und gut verträgt.

KEINE GRETCHENFRAGE

Halsband oder Geschirr, darüber lassen sich stundenlange Dispute führen. Ich empfehle für die Übungen ein gut sitzendes Halsband. Wenn der Hund am Geschirr geführt wird, klammert dieses Hilfsmittel den Kopf-, Hals- und Schulterbereich weitgehend aus. Genau in dieser Körperregion verlieren sich jedoch die meisten Hunde aus den ersten Elementen unseres Gespräches. Passiert das im Geschirr, erhalte ich als Mensch immer ein verspätetes Feedback zu unserer Kommunikation.

So fangen wir an – Verbindlichkeitsübung

Bei meinen Beratungen betrachte ich im Erstgespräch vor allem Verbindlichkeit und Kooperation im jeweiligen Mensch-Hund-Team.

In der Verbindlichkeitsübung aus der Frontalen schaue ich mir das Annäherungsverhaltes des Hundes an. Ist es eher aufdringlich oder distanziert? Was passiert nach der fünften, sechsten Wiederholung? Wird sein Verhalten zugewandter oder abweisender, unterwürfig, kopflos hektisch? Probiere es einfach mal aus.

NÄHE EINFORDERN ERLAUBT

Natürlich haben Hunde ihre jeweilige Individualdistanz, die Entfernung, in der sie die Nähe anderer Lebewesen als noch gut auszuhalten empfinden. Das dürfen sie selbstverständlich auch. Allerdings gilt das aus meiner Sicht nicht zwingend in der Beziehung zum eigenen Menschen. Wir Hundehalterinnen und Hundehalter haben das Recht, die Nähe des Hundes einzufordern. Nicht alle Hunde werden das genießen können, aber beim eigenen Menschen müssen sie lernen, es auszuhalten. Das ist nicht nur für unser Trainingsprogramm auf dem Weg zum zugewandten Hund wichtig, sondern für manche Situationen im Alltag, etwa auf dem Tisch beim Tierarzt.

NÄHE ZU MEINEN KONDITIONEN

Die meisten Hunde haben kein Problem mit Nähe – viele entscheiden jedoch ganz selbstbestimmt über Zeitpunkt und Maß an Nähe zum Menschen. Für die Verbindlichkeit ist es hilfreich, im häuslichen Bereich einige Zeit lang immer wieder die folgende Übung zu machen.

1

SO GEHT'S

- Ruf deinen Hund zu dir. Nimm seinen Kopf zwischen deine beiden Hände und halte den Kopf in dieser Position, ohne den Hund dabei anzuschauen. Gehe mit deinem Blick in deinen Körper, also genau in die Richtung, in die dein Hund rankommen soll, und hebe dann deinen Blick leicht über den Hund hinweg. Nicht du schaust deinen Hund an, dein Hund soll im besten Fall dich anschauen. Dafür musst du ihm den Raum öffnen, indem du den Blick rausnimmst. So zeigst du deinem Hund, dass du deinen Blick bewusst führst. Bleib fest im Händedruck auch gegen eventuellen Widerstand des Hundes. Wichtig: dabei entspannt sein (auch körperlich), atmen.
- Nach wenigen Sekunden blickst du deinen Hund an, sagst seinen Namen und öffnest zum Freigeben deine Hände. Du sprichst dabei den Hund mit seinem Namen an und gibst ihn frei, indem du deine Hände öffnest und vielleicht sagst: „Jetzt darfst du tun und lassen was du willst." Es geht hier nicht darum, so lange zu

2

3

4

1 So sieht die freundliche Einladung zum Näherkommen aus.

2 Da geht noch mehr Nähe.

3 Sanft und bestimmt halten, vermittelt Führung

4 Und jetzt freigeben

halten, bis dein Hund zur Ruhe kommt, einige Sekunden halten ist angemessen, mehr nicht.

– Du entdeckst im Laufe des Übens, wann dein Hund versucht, sich aus eurer Verbindung herauszuziehen. Passiert das nach fünf Sekunden, gibst du ihn bereits nach vier Sekunden aktiv frei. Je häufiger ihr die Übung praktiziert, desto länger werden die Sequenzen werden. Pro Übungseinheit solltet ihr immer vier bis sechs Wiederholungen erreichen.

Energieniveau bei der Freigabe

Über das Energieniveau bei der Freigabe entscheidet letztlich der Hund. Zieht er beim Kopfhalten permanent nach hinten, nimmt dein Lösungsimpuls diese Energie auf und gibt sie ihm bei der Freigabe mit. Dabei verändert sich deine Stimmung nicht, du bleibst freundlich, zugewandt, gelassen. Du signalisierst deinem Hund damit: Wir können das aushalten. Und du zeigst ihm auch im Widerstand, dass du die Souveränität hast, ihn freizugeben. Wenn dein Hund nach deiner Freigabe wegspringt, variiere deine Freigabe. Löse deinen Griff, aber halte deine Hand noch einen Augenblick an seiner Schulter oder im Halsband. Wenn er mit dem Abstand einer Armlänge kurz zur Ruhe kommt, löst du deine Hand. Das wirkt auch gut bei Hunden, die eher wie ein Flummi reagieren, oder bei Hunden, die wie ein Bumerang nach der Freigabe zum Menschen drängen.

Spannungsverhältnisse

Wenn der Hund bei der Übung in einem Spannungsverhältnis zu dir ist, während du ihn kurz hältst, er also schon nach hinten raus zieht, nimmt dein Impuls das auf. Er wirkt nach hinten raus. Die Freigabe geht dahin, wohin der Hund zieht. Dafür musst du keine Kraft aufwenden, sondern die Energie aufgreifen, die im Hund gerade vorhanden ist. Wenn dein Hund bei der Übung weich ist, entspannt vor dir steht, dann reicht eine kurze Berührung an der Stelle, wo du bisher gehalten hattest.

Was Freigabe bedeutet

Die Freigabe signalisiert dem Hund, dass er machen darf was er will. Du löst die Verbindlichkeit auf, die du vorher buchstäblich gehalten hattest. Diese Übung unbedingt mehrmals hintereinander durchführen und dabei wahrnehmen, wie sich dein Hund verhält, wenn du Nähe zu deinen Konditionen einforderst. Ziel jeder Freigabe ist natürlich, dass dein Hund dich danach nicht völlig aus seinem Kopf verliert. Schau dir also mit dem peripheren Blick an, welches Verhalten er zeigt.

1

2

Entsprechend seiner Antwort auf dein Lösen eurer Verbindlichkeit kannst du dann modifizieren. Gerade im Zimmer ohne Ablenkung, wo er nicht völlig entschwinden kann wie auf der Hundewiese, hältst du ihn mal auf Armlänge in deiner Nähe. Viele Hunde schauen regelrecht irritiert und sind überfordert durch das neue Vorgehen. Du erreichst damit, dass dein Hund länger im Gespräch bleibt und ansprechbarer bei den Wiederholungen wird. Ihr bleibt weiter füreinander da, auch wenn ihr gerade mal jeder euer eigenes Ding macht. Die Zugewandtheit zeigt sich auch so.

3

1 In der Ruhe lässt sich der Hund ansprechen …

2 … und kommt bereitwillig.

3 Der Blick des Hundes geht hoch zum Menschen.

4 Die Freigabe variieren: auch mal leicht halten

4

Wann wird dein Hund durchlässig für deine Information?

Den Hund spüren

Spüre, wann dein Hund weich und durchlässig wird, sich dir und deinen Händen hingibt. Er lernt, dass du aktiv gestaltest. Du rufst den Hund zu dir. Du bestimmst über das Maß und den Zeitraum der Nähe. Er akzeptiert, bei dir zu bleiben, solange keine neue Information kommt. Du kannst gut herausfinden, wie lange die Konzentration deines Hundes bei dir bleibt, wie lange er die Verbindlichkeit in einem statischen Moment ohne äußere Reize halten kann. Du schaffst durch Wiederholungen die Voraussetzung dafür, dass ihm das immer länger gelingt. Das ist eine wichtige Erfahrung für euch beide.

Frontale und seitliche Positionierung

Wenn dein Hund nicht frontal zu dir kommen mag, darfst du ihn auch gern seitlich von dir postieren. Es geht hier nicht um einen Kampf, im Gegenteil, es geht um Hingabe. Wie es geht? Fein spüren, was der Hund ausdrückt.

Über Wiederholungen ins Gespräch kommen

Über die Wiederholungen der Übung kommt ihr ins Austesten und in ein echtes Gespräch. Der Mensch hört dem Hund zu, der Hund hört dem Menschen zu. Er spürt immer klarer, dass die Nähe angenehm ist und verbindlich vom Menschen hergestellt und aufgelöst wird.

Wichtig ist zu verstehen, dass der Kopf gehalten wird, damit der Hund sieht, was der Mensch tut. Er soll also den Menschen anschauen, während der Mensch durch seinen leicht nach oben geführten Blick den Raum dafür öffnet. Erst das bietet dem Hund die Chance, später deiner vorgeschlagenen Bewegung zu folgen.

Deine Augen und dein Blick entscheiden

Entscheidend sind dabei dann deine Augen. Dein Blick führt dahin, wo euer Zielort wartet. Es braucht kein Locken mit Futter oder Sprache, keine Druckerhöhung, sondern die Eindringlichkeit und Eindeutigkeit des Blicks. Ist die Übung über den Blick erklärt, geht dein Blick wieder raus, damit dein Hund nicht irritiert wird und darüber nachdenken muss, was du ihm jetzt noch Weiteres sagen willst. Gerade auf die bewusste Führung deines Blicks musst du unbedingt achten.

DRANBLEIBEN!

Eins ist klar: Die Veränderung funktioniert nicht im Schnelldurchgang, wird nicht durch zwei Mal Üben erreicht. Ihr seid gemeinsam in einem Prozess, in dem Alter und Vorerfahrungen mit Nähe und Verbindlichkeit zum Menschen hineinwirken und berücksichtigt werden müssen. Also nicht nur am Ball bleiben, sondern auch achtsam mit den Grenzen deines Hundes umgehen. Vier bis sechs Wochen solltest du das regelmäßig, also ein bis zwei Mal am Tag mit jeweils vier bis acht Wiederholungen üben. Es wird dir eine Freude sein, zu beobachten, wann und wie dein Hund durchlässiger, weicher, empfänglicher für Nähe, für Rankommen und Dranbleiben wird.

DER AUSSENREIZ VERPUFFT

Mit Blick und Körperhaltung führen – auch und gerade im Begegnungverkehr

Der richtige Augen-Blick

Ist das nicht genau unser aller Idealbild? Unser Hund orientiert sich in jeder entscheidenden Situation an uns, dem Menschen. Er ist stets kooperativ. Wie wird diese Vorstellung zur Realität?

Jeder kennt den Begriff der „Kooperation" aus verschiedensten Bereichen. Im pädagogischen und wirtschaftlichen Sinne gibt es diverse Definitionen von Kooperation. Im Alltag haben wir zumeist eine grobe Vorstellung von seiner Bedeutung. Oft wird aber erst im jeweiligen Zusammenhang verständlich, was damit gemeint ist. Versteckt sich dahinter die Lust, bei einer Aufgabe mitzuarbeiten, eine Herausforderung gemeinsam zu meistern, ein vereinbartes Ziel im Zusammenspiel zu erreichen? Im Hundetraining wird der Begriff überwiegend für die Freude an der Mitarbeit benutzt, häufig festgemacht am fragenden Blick zum Menschen. Kommt dieser Augen-Blick aus intrinsischer Motivation? Folgt er auf eine Intervention des Zweibeiners? Ist er konditioniert oder im sozialen Lernen erarbeitet?

WORAN ERKENNST DU, OB DEIN HUND GUT KOOPERIERT?

Viele tragen dafür das Bild des mit erhobener Rute freudestrahlend neben uns trabenden Hundes in sich. Ich sehe das grundsätzlich anders, werte diese Optik als Erregung und Spannung. Geht die Rute locker schwingend etwas tiefer, ist der Gesamteindruck etwas reduzierter, kommen wir meinem Ideal des zugewandten Hundes näher. Ein solch konzentrierter Hund hört meist besser zu, signalisiert: „Ich lass mich fallen in dir". Ein solch gesundes Erregungslevel wünschen wir uns schließlich auch für Konfliktsituationen. Cool und geerdet durchs Leben zu gehen, ist ja auch gesünder als immer unter Strom zu stehen. In Hundegruppen mit klaren Strukturen rennen die Vierbeiner ja auch nicht ständig mit hoch erhobener Rute und breitem Grinsen rum. Für ihre Kooperation wäre das auch ausgesprochen schädlich.

ZUM KOOPERATIONSBEGRIFF

Der Kooperationsbegriff, mit dem wir hier spielen, ist an die Pädagogik für Menschen angelehnt und wird auf die Mensch-Hund-Konstellation übertragen. Basis dafür ist die tiefe Überzeugung und vielfach bestätigte Erfahrung, dass Mensch und Hund interspezifische Sozialpartner sind. So konnte sich Kooperation aus dem biologischen Vorteil entwickeln und dem gegenseitigen Austausch dienen. Die derzeitigen wissenschaftlichen Erkenntnisse bieten zwar noch keinen validen Forschungshintergrund

Gemeinsam auf einen Konflikt zugehen

zum Thema interspezifisches Kooperationsverhalten des Hundes mit dem Sozialpartner Mensch. Kooperationsverhalten wurde jedoch in freier Wildbahn bereits häufig bei Wolfsrudeln beobachtet. Vielleicht wurden mit Beginn der Domestikation nicht nur besonders zahme, sondern vor allem kooperative Wölfe ausgesucht? Und vielleicht waren es sogar gerade besonders kooperationsfähige Menschen, die sich dem Wolf zuwandten?
Fest steht: Soziales Referenzieren, also die Orientierung an der Reaktion meines Gegenübers, und Kooperationsverhalten zeigen sich häufig in unsicheren oder konfliktbehafteten Situationen. Das können wir gut bei Kindern beobachten, die sich an Erwachsene wenden, wenn sie mit einem Zustand nicht selbstständig umgehen können und Hilfe benötigen. Auch der Hund orientiert sich an der Reaktion des Menschen (soziales Referenzieren) oder fragt bei seinem Kooperationspartner auf zwei Beinen durch Blickkontakt nach, wie mit der Situation gemeinsam umgegangen werden soll (Kooperationsverhalten). Ich bin mir sicher, dass jedes Lebewesen sich in konfliktbehafteten Situationen eher einer erwiesenermaßen vertrauenswürdigen, stabilen Person zuwenden wird, zu der im besten Fall eine sichere Bindung besteht.

KOOPERATION KÖNNT IHR TRAINIEREN

Wie legen wir als Hundehalter dafür die Grundlagen? Ich habe Kooperationsübungen entwickelt, die im sicheren häuslichen Umfeld dem Aufbau und der Förderung von Kooperationsverhalten dienen. Auf dieser Basis kann dann der Transfer in die vielfältigen Alltagssituationen gelingen, in denen die Kooperationsbereitschaft des Hundes nicht nur der gemeinsamen Lebensqualität dient, sondern sogar lebensnotwendig sein kann.
Alles geschieht in dem Bewusstsein, dass wir mit unserem Hund ein hochgradig sozial entwickeltes Lebewesen an unserer Seite haben, das zu Beziehungen mit uns fähig und meist auch im hohen Maß willig ist. Als Trainer und Coach erlauben mir die Übungen einen wichtigen Blick auf das individuelle Hundeverhalten. Auch wenn eine Temperaments- oder Persönlichkeitseinschätzung nicht zentral im Fokus steht, verrät das jeweilige Hundeverhalten viel über die Persönlichkeit des Tieres, seine Strategien, Präferenzen und Abneigungen. Und das Beglückende dabei: Der Hund darf zunächst versuchen, selbstständig eine Lösung zu finden – richtet sich dann aber an seinen Menschen, kooperiert mit ihm, um gemeinsam die passende Antwort auf die gestellte Frage zu finden. So erfahren wir Menschen

Der Hund zeigt kooperatives Verhalten und schaut den Menschen an.

dabei viel über unseren Gefährten auf vier Pfoten, auch manches überraschend neue.

Den Hund immer besser kennenlernen

Ein wesentlicher Effekt der Arbeit an der Kooperationsbereitschaft wird dein Herz bestimmt erfreuen: Du lernst deinen Hund immer besser kennen. Es ist spannend zu sehen, wie unterschiedlich sich Hunde verhalten. Mal ganz dynamisch, aufdringlich und schnell, mal schüchtern, hilflos, zaghaft, mal fordernd, mal mit Charme manipulierend. Und beobachte, wie sie sich verändern, ihr Verhalten modifizieren: schneller in der Aufnahme von Blickkontakt, ausdauernder beim Blick in dein Gesicht, bereitwilliger weg vom Objekt der Begierde, harmonischer in den Reaktionen auf deine Aufforderungen. Dieses Wissen um Vorlieben und Strategien deines Hundes helfen dir, Situationen vorzudenken und rechtzeitig einzuwirken. So bleibst du glaubwürdig als der aktive Part in eurer Kooperative. Zug um Zug kannst du gestellte Konfliktsituationen nutzen, um angemessene und wirksame Alternativen der Ansprache und Führung zu entwickeln.
Je mehr du mit deinem Hund über Kooperationsbereitschaft sprichst, desto seltener werden Einwirkungen von dir überhaupt notwendig. Ist es nicht fair, daran zu arbeiten? Also gezielt die Kooperationsbereitschaft fördern, angepasst an die Persönlichkeit und den Entwicklungsstand deines Hundes. Regeln definieren, sodass dein Hund sie versteht und umsetzen lernt. Nähe als Alternativverhalten zum äußeren Stress etablieren und lernen, in der Nähe des Menschen zur Ruhe zu kommen. Wenn das gelingt, können wir es manchmal sogar hören – wenn dein Hund neben dir liegt und einen tiefen Seufzer aus seinem Brustkorb entlässt.

Soziale Nähe als Alternative zum Konflikt

So fangen wir an – die wichtigste Kooperationsübung

Gleich beim ersten Treffen mit einem Mensch-Hund-Team, das sich meine Unterstützung wünscht, schaue ich mir bei der Kooperationsübung aus der Frontalen an, mit welcher Persönlichkeit auf vier Beinen wir es zu tun haben: Offen für Neues oder misstrauisch, kreativ und kooperativ, eigensinnig?

SO GEHT'S

– Du sitzt auf einem Stuhl (bei kleinen Hunden auf dem Boden, bei sehr großen übst du es im Stehen). Dein angeleinter Hund steht frontal vor dir. In deinen beiden geschlossenen Händen hast du kleine Futterbrocken versteckt.
– Halte deine Fäuste dem Hund vor die Nase, damit er den verlockenden Duft wahrnehmen kann.
– Positioniere deine Hände dann stabil auf deinen etwa hüftbreit auseinanderstehenden Oberschenkeln. Dein Hund soll deine Fäuste möglichst nicht verschieben können.
– Nimm deinen Blick weg vom Hund, leicht nach oben, um ihn im peripheren Sehen wahrnehmen zu können. Beobachte ohne jede Einwirkung, wie dein Hund mit diesem Konflikt umgeht. Kommt er von alleine auf die Idee, vom Konflikt wegzudenken und die Alternative zu wählen, dich nach der Lösung für seinen Konflikt zu fragen? Wie lange braucht er dafür, welche Alternativen probiert er aus?

1

2

3

4

1 Alle Sinne ganz beim Futter

2 Die Hand bleibt geschlossen.

3 Weg vom Konflikt gedacht und ganz dem Menschen zugewandt

4 Jetzt darf gefuttert werden.

Wenn dein Hund dich anschaut

Schaut dein Hund dir ins Gesicht, sprich ihn freundlich mit seinem Namen an, verlagere dich dabei gleichzeitig zu ihm in seinen Raum und öffne eine der Hände, damit er das Leckerli fressen kann. Es braucht vielleicht etliche Wiederholungen, bis dein Hund schnell und zuverlässig das Futter ignoriert und sich gleich an dich wendet.
Ziel ist es, dass er dich direkt anguckt, ohne deine Futterhand auch nur anzutippen. Wenn du das Futter vor seine Nase hältst, schaut er schon fast gelangweilt hoch.

1

2

Mit dieser Kooperationsübung öffnest du deinen Hund ein Stück weit. Er weiß, Futter vor der Nase ist ein Konflikt, den er nur in Kooperation mit seinem Menschen lösen kann. Immer prompter schaut der Hund deshalb dem Menschen ins Gesicht. Er sieht dabei seinen Menschen in einer stabilen Position, mit freundlichem Ausdruck und einer wohltuenden Klarheit.
Hunde sind unterschiedlich schnell in der Lage, selbstständig auf die richtige Lösung zu kommen, die da heißt: Blick zum Menschen.

Verhalten festigen

Um dieses Verhalten dann zu festigen, gehst du schrittweise dazu über, den Hundeblick länger zu halten, erst nach ein paar Sekunden das Leckerli anzubieten oder mit noch attraktiverem Futter zu arbeiten. Außerdem kannst du mit zunehmender Sicherheit und Verlässlichkeit auch die Rahmenbedingungen verändern. Entweder zunächst durch Steigerung der Futterqualität oder durch die Verlagerung der Übung in Alltagssituationen mit niedriger und höherer Ablenkung.

Überprüfen

Wie nah ihr euren Zielen bereits seid, kannst du überprüfen, indem du noch verlockenderes Futter einsetzt oder die Übung in anderer Umgebung durchführst. Damit kommt dein Hund in die Generalisierung des gewünschten Verhaltens, immer bei seinem Menschen nachzufragen.

ÜBEN, ÜBEN, ÜBEN

Wie schon bei der Verbindlichkeitsübung mit dem Halten des Kopfes braucht auch die erste Kooperationsübung das häusliche Trainingslager. Täglich mindestens zweimal mit den sechs bis acht Wiederholungen daran arbeiten – und zwar rund drei Wochen lang. Erst dann kann etwas Neues mit Variationen des bereits Bekannten beginnen.
Zum Beispiel biete ich dann beim zweiten Treffen die „Komm nah zu mir"-Übung an (siehe dazu Seite 62).
Und ganz wichtig: Nur üben, wenn du dafür offen bist, nicht gestresst und voller Druck. Du willst ja fair zu deinem Hund sein – und weißt, wie fein er deine Stimmung wahrnimmt.

3

FRÜH ÜBT SICH …

Je früher du mit deinem Hund über Verbindlichkeit und Kooperation ins Gespräch kommst, desto schneller wird er durchlässig und zugewandt. Es spricht nichts dagegen, die Übung bereits mit deinem zehn Wochen alten Welpen durchzuführen. Natürlich ist es wichtig, dann kürzere Einheiten beim Üben einzuplanen. Außerdem solltest du die Kooperationsübung mit dem Leckerli zunächst nur mit einer Hand praktizieren (siehe Seite 58). Der Kleine kann sich weniger lang konzentrieren als ein erwachsener Hund. Dennoch ist das Welpenalter bestens geeignet, dem Nachwuchs Grundlagen von Verbindlichkeit und Kooperation zu erklären. Je erwachsener dein Hund wird, desto länger kann er dir zuhören. Nach oben gibt es übrigens keine Altersgrenze für die Übungen. Die Herausforderungen sind dann für dich vielleicht größer, weil dein Gegenüber schon mehr Eigenheiten entwickelt hat.

4

1–4 Der Kleine lernt schnell. Nase weg vom Futter, Blick zum Menschen und dann gibt es das Leckerli.

Du bist gemeint, komm her zu mir, komm nah zu mir, bleib bei mir

Bei dieser Übung führst du deinen Hund ganz nah zu dir heran. Dafür reicht eine Viertelöffnung deines Körpers aus der Frontalen in Richtung „drei Uhr".

1

2

3

Wichtig ist das punktgenaue Loslaufen im Einklang von Mensch und Hund. Folgt dein Hund deiner Aufforderung, deinem führenden Blick, ist er bei jedem Schritt dir zugewandt, kommt er exakt bei dir an? Bleibt er bei dir, bis du ihn freigibst oder eure nächste Aktion einleitest? Überprüfe dich: Blick rausgenommen? Klare Führung über die Schulter? Ging dein Blick unbeirrt zum Zielpunkt?

SO GEHT'S

- Stabiler Stand.
- Leine in der rechten Hand.
- Der Hund frontal vor dir im Sitz.
- Dein Blick geht über den Hund hinweg (wie vor der Ampel leicht nach oben gerichtet, dein Kopf bleibt stabil und dein Kinn parallel zum Boden – dann weißt du, dass du nicht in den Kontrollblick verfällst.).

- Zur Ansprache deines Hundes erst eine leichte Verlagerung deines Körpers nach hinten, dann eine Verlagerung aus dem Oberkörper nach vorne, Ansprache des Hundes mit seinem Namen.
- Dann ein deutliches Öffnen des Raumes als Einladung zur Bewegung: Öffnung deiner rechten Schulter um etwa 45 Grad, einen kleinen Schritt nach rechts und deinen Blick dabei ganz nah an deinen eigenen Körper heranführen.
- Hinhocken.
- Blick nach oben raus nehmen.
- Dein Hund folgt dieser Einladung und kommt nah an dich heran.

Du nimmst seinen Kopf zwischen deine beiden Hände. Kurz halten und die Nähe nach einer Weile bewusst mit Namensnennung lösen und loslassen der Hände, eventuell mit einem sanften Impuls an der Hundeschulter zur Freigabe.

DIE ZIELE DIESER ÜBUNG

- Dein Hund lernt möglichst lange, zu dir zu schauen und mit dir im Kontakt zu bleiben.
- Er schaut dich immer länger an.
- Seine Konzentration bleibt immer länger bei dir.
- Ihr trainiert Nähe und Distanzverhalten.

1–3 1000 Mal geübt: Ansprache, Näherkommen, Halten und Freigeben

Dein Hund bleibt im verbindlichen Moment (im Sitz). Reagiert prompt auf die Ansprache seines Menschen. Wartet auf den Start einer gemeinsamen Aktion. Bleibt dem Menschen zugewandt, also mit seinem Blick beim Menschen und nimmt das Angebot zum Nahekommen an. Die Gemeinschaft ist stabil.
Bei der Übung ist es wichtig, dass man sie mehrfach wiederholt. Ziel ist es, dass der Hund jedes Mal, wenn der Mensch sich zu ihm hin verlagert, seine Konzentration, seinen Blick, beim Menschen lässt und die Bewegung im exakten Gleichklang ausführt.

WAS FEHLT NOCH?

Dein Hund bekommt deine Ansprache mit, verliert sich aber zwischen Ansprache und erster Öffnung, folgt deiner Aufforderung deshalb nicht exakt spiegelbildlich? Er geht schnuppern oder weicht aus? Überprüfe, ob dein Blick beim Hund nach deiner Ansprache hängengeblieben ist. Diesen beobachtenden Blick beantworten viele Hunde mit Schnuppern oder Abwenden. Intensiviere deine körpersprachliche Ansage durch optimale Verbindung von öffnender Bewegung und deutlichem Blick in Richtung eurer gemeinsamen Bewegung hin zu dir.

Dein Hund spürt, ob dein Lob aus dem Herzen kommt.

STREICHELN BELOHNT

Ist dir dein Hund nah gekommen, bitte freundlich-freudig streicheln. Diese Streicheleinheiten sind das Nonplusultra in der Beziehung. Körperkontakt ist ein wesentliches Beloh-

Entspannte Zeit miteinander fördert eure Vertrautheit.

nungsmittel, mehr noch als die freudige Stimme.
Futter ist eigentlich gar nicht nötig. Aber wenn du auf Leckerli nicht verzichten willst, dann kombiniere das Futter bitte unbedingt mit dem Streicheln. Also mit einer Hand füttern und mit der anderen streicheln, denn die Hand des Menschen soll immer spürbar dabei sein. Futter soll nur als Verstärker dienen, nie als Lockmittel. Du willst ja soziopositives Verhalten fördern, also die Zuwendung steigern – nicht die Nahrungsaufnahme.

DU ZEIGST DEINE KOMPETENZ

Der Mensch gibt die Koordinaten vor, stellt die Gemeinschaft her. Er entfernt sich ein Stück weit aus der Verbindung und lädt den Hund dann mit einer öffnenden Bewegung erneut zu sich ein. Der Mensch agiert als Taktgeber der Gemeinschaft. Er bekommt vom Hund die ungeschminkte Auskunft darüber, wie zugewandt das Tier bleibt bzw. wo es sich (noch) aus der Gemeinschaft verabschiedet.

Mit der Variation einen Schritt gemeinsam machen

Kooperation lässt sich nicht nur frontal üben. Diese Variante erweitert euer Übungsspektrum.

Der stabile Stand mit Hund im Sitz

Die Ansprache zum Hund

SO GEHT'S

- Der Hund ist links neben dir im Sitz.
- Du stehst stabil.
- Dein Blick geht nach vorne.
- Mit der Verlagerung deines Oberkörpers nach links zum Hund und der Ansprache des Hundes mit Namen holst du dir seine Aufmerksamkeit.
- Der Kopf des Hundes geht hoch zu dir.
- Du führst deinen Blick vom Hund in die bevorstehende Bewegung in deinen linken Fuß ganz nah an deinen Körper. Danach geht dein Blick raus nach oben.
- Dieser Führung deiner Augen folgt dein Hund, er macht die Bewegung eines ersten Schrittes exakt mit.

Hier kannst du überprüfen, wie klar ihr miteinander im Gespräch seid. Auf deine Ansprache hin geht die Konzentration des Hundes voll auf dich. Schön, wenn er interessiert hochschaut und diese eine Bewegung mitmacht. Da, wo du die Bewegung enden lässt, stoppt dein Hund ohne weitere Einwirkung von dir.

Meine Beobachtung zeigt: Zwischen Ansprache und erstem Schritt verlieren sich die meisten Gespräche zwischen Mensch und Hund. Mit dieser kleinteiligen Übung kannst du ihn dafür sensibilisieren, dir länger zuzuhören.

Natürlich lässt sich diese Übung – wie alle anderen Übungen auch – genauso gut auf der rechten Seite ausführen.

Der gemeinsame Schritt

Das gemeinsame Ankommen

Sensibilisiere dich im Alltäglichen

Wichtig ist es, in den nächsten drei bis vier Wochen an den ersten Übungen dranzubleiben und die Verbindlichkeits- und Kooperationsübungen immer wieder aufzufrischen.

Einmal pro Tag jeweils etwa vier bis acht Wiederholungen wären schön. Aber bitte arbeitet nur gemeinsam, wenn deine Stimmung gut ist, sonst lass euren „Termin“ lieber mal ausfallen. Setz dich dann besser einfach auf die Couch und sensibilisiere deinen Blick auf das Alltägliche. Zum Beispiel kannst du nachjustieren, wie nah ganz nah zusammen auf der Couch bei euch wirklich ist. Und dabei in aller Ruhe den Wohlfühlfaktor steigern.

Die Intensität der Ansprache gibt der Hund vor.

Der Blick geht genau dahin, wo euer gemeinsames Ziel liegt.

KOOPERATION UND VERBINDLICHKEIT ÜBERPRÜFEN

Selbstverständlich hast du bei euren Spaziergängen zwischendurch die Chance, Kooperation und Verbindlichkeit zu überprüfen. Du triffst einen Bekannten und ihr plaudert ein bisschen? Schön, wenn dein Hund dann ganz dicht neben dir sitzen bleibt. Es kommt euch jemand entgegen, der immer Leckerli für die Hunde anderer Menschen in der Tasche hat. Diesmal führst du deinen Hund in deinem Nahbereich. Ideal wäre, wenn er sich dir jetzt aus eigenem Impuls zuwenden würde, ohne dass du ihn erneut ansprechen oder antippen musst. Du hast zudem die Möglichkeit, dem Hundefreund diesmal sehr klar zu sagen, dass du es nicht möchtest, dass er deinen Hund füttert. Dein Hund wird beeindruckt sein, dass du den entgegenkommenden Menschen aus eurem Raum verweist. Er sieht dich in einem neuen Licht, entdeckt eine unbekannte Größe in seinem Menschen. Viele Hunde haben noch nie gesehen, dass der eigene Mensch führungskompetent ist, bereit und in der Lage, die eigene Gemeinschaft zu schützen. Ein solches Erlebnis kann nachhaltig wirken. Und machen wir uns nichts vor: Es wird immer Hunde geben, die versuchen, den Konflikt selbst zu lösen. Egal was du ihm gerade kommunizierst, wird er die Leckerli abholen gehen. Nimm es wie beim Besuch beim Zahnarzt: Nur weil der diesmal bohren musste, hörst du ja auch nicht auf, die Zähne zu putzen. Vielleicht eher im Gegenteil, du intensivierst deine Bemühungen um deine Zahngesundheit. Um auf unserem Weg zum zugewandten Hund zu bleiben … du intensivierst eure Grundlagenarbeit im häuslichen Rahmen.

LOCKERE LEINE

Gradmesser für den Erfolg deiner Übungen ist immer die Leine. Solange sie locker bleibt, führt ihr zwei – dein Hund und du – ein gutes Gespräch. Und die Leine gibt dir die Sicherheit, dass dein Hund nicht plötzlich weg sein kann. Das hilft dir, ganz bei dir zu bleiben, auch mit deinem Blick. Für deinen Hund wird immer selbstverständlicher, dass euer Gespräch das Wichtigste in seinem Leben ist – egal welche Ablenkung lockt.

Die Einladung zum Engtanz

Viele meiner Kundinnen und Kunden und natürlich auch ihre Hunde können sich in dieser Phase des Lernens mit dem Engtanz anfreunden.

1

Der Engtanz ist ein bisschen wie argentinischer Tango, lebt vom gemeinsamen Sich-Einpendeln in der Bewegung, in der spielerischen Klärung, wie viel Nähe möglich und wie viel Distanz nötig ist. Dieser Tanz soll angenehm sein, auch wenn dein Hund möglicherweise zunächst Spannung aufbaut. Gehe mit in diese Spannung, halte das Spannungsfeld. Bleibe dabei wohlwollend und probiere aus, was noch geht. Öffne den Raum. Verzichte auf Kampf, mixe stattdessen deine weiche, minimale Nachgiebigkeit mit einer klaren Führung, bahne euch den Weg. Das nennt man **Faszilitieren**. Damit ist gemeint, die Körperwahrnehmung zu fördern und die physiologische Bewegungsorganisation zu ermöglichen.

DAS ZIEL

Ziel beim Nahtanz ist es, deinen Hund aus der Nähe vor dir an deine Seite, nach rechts, nach links und auch rückwärts zu führen. Dabei soll er weich und durchlässig bleiben. Vorab eine Vorübung zur Übung:

SO GEHT'S

- Du sitzt auf einem Stuhl.
- Du rufst deinen Hund zu dir.
- Dein Hund steht frontal vor dir.
- Greife mit den Händen seitlich ins Halsband.
- Hole den Hund nah zu dir, indem du ihn ansprichst, leichten Zug auf das Halsband aus-

2

3

4

5

6

7

übst und mit deinem Oberkörper etwas zurück weichst, deinen Blick in deinen Körper führst, dann rausnimmst und über den Hund leicht hinweg schaust, den Raum hin zu dir öffnest.

Wie reagiert dein Hund auf diese minimalste Bewegung? Macht er sich schwer, versucht er sich zu setzen, weicht er aus? Bleibt er dir nach der Ansprache zugewandt? Bewegt er sich bereitwillig auf dich zu bzw. später um ein Viertel herum um dich? Hat er die Bewegung mitbekommen oder den roten Faden des Gesprächs verloren? Und hast vor allem du die Bewegungen deines Hundes aufmerksam wahrgenommen?

1 Kopf halten im Stand wie bereits erprobt.

2 Die rechte Schulter öffnet den Raum.

3 Oberkörper und Blick zeigen die Richtung an.

4 Mit klarer Handhaltung ans Ziel führen

5 Der Blick geht zum Ziel der Aktion.

6 Schritt für Schritt folgt der Hund …

7 … und kommt in der Frontalen wieder an.

WENN ES KLAPPT

Gelingt die Übung schon gut, kannst du deinen Hund – auch wenn du stehst – nicht nur nach vorne zu dir führen, sondern anfangen, ihn in alle vier Himmelsrichtungen zu bewegen. Also nach rechts rüber zu führen: dabei ansprechen auf dem linken Fuß, öffnen mit der rechten Schulter, Oberkörper zum Hund neigen, führende Bewegung seitlich nach rechts, deine Augen gehen in diese Richtung und dann nach oben raus. Toll, wenn dein Hund folgt und neben dir stehen bleibt. Wenn nicht, sei mit kleinen Schritten zufrieden und lasse ihn danach frei.

Wichtig ist, dass ihr den Weg gemeinsam geht. Du gibst die Richtung vor, aber die Bewegung muss dein Hund selber ausführen. Es geht ganz und gar nicht darum, an deinem Hund zu zerren, ihn durch die Gegend zu ziehen. Baue ein angenehmes Spannungsfeld auf und spüre, wo dein Hund vielleicht nicht mehr weiterkommt, sich zumacht und keine Idee mehr hat, wie er weiterkommen kann. Dann ist es wichtig, ihm zu signalisieren: „ich nehme dich wahr“ und ihn freizugeben. Wiederhole den Aufbau immer wieder.

Das lässt sich natürlich auch von links nach rechts erproben und ebenso aus der Vorwärtsbewegung zu dir in ein gerades Rückwärtsgehen.

KLEINSCHRITTIGE BEWEGUNGEN

Hier geht es um ganz, ganz kleinschrittige Bewegungen. Dein Blick und deine Schulterstellung geben deinem Hund die Richtung vor. Natürlich immer mit Ansprache wie bereits eingeübt. Du vermittelst deinem Hund: „Du bist gemeint. Komm her zu mir. Lass uns das zusammen tun.“ Den einen Schritt nach hinten, bei dem dein Blick in deinen Füßen bleibt und den Hund nach vorne einlädt. Dann dein Schritt nach vorne – natürlich die Ansprache nicht vergessen – und du dringst in den

1

1 Nah bei dir ist es angenehm.

2 Kein Blickkontakt signalisiert: Es ist nichts weiter zu tun.

Raum des Hundes ein und schiebst ihn nach hinten. Erneute Ansprache zum Hund, mit Schulter und Blick nach rechts führen und das nach links genauso durchführen.

Bei dieser Übung soll der Hund dem Menschen ins Gesicht schauen, während der Mensch über ihn hinwegschaut und seinen Blick immer exakt dahin führt, wo der Hund ankommen soll. Es ist für viele Hunde eine hohe Anforderung, dabei in voller Konzentration zu bleiben. Deshalb reagieren einige auch eher abweisend: Engtanz, nein danke. Mit ruhiger und bestimmter Beharrlichkeit lässt sich die Zugewandtheit allerdings fast immer steigern.

Wir wollen ja, dass Hunde erfahren, wie angenehm Nähe zum Menschen ist.

Allerdings reagieren Hunde unterschiedlich. Es ist kein Problem, wenn sie fast so etwas wie Demutsverhalten, eine leichte Unterwürfigkeit zeigen, ähnlich dem Welpen der Mutterhündin gegenüber, wenn sie ein bestimmtes Verhalten einfordert. Viele Menschen haben ein Problem mit devotem Verhalten, wer möchte heute noch an den Kasernenhofton, der vor Jahrzehnten auf Hundeplätzen geherrscht hat, anknüpfen. Uns geht es um etwas ganz anderes. Hunde können ihr Verhalten extrem gut dem Gegenüber anpassen. Wer einmal erlebt hat, wie der inzwischen zweijährige Nachwuchs bei der Wurf-Geburtstagsparty quasi auf den Brustwarzen auf die mütterliche Autorität zurobbt, weiß, wovon ich spreche. Erst wenn die bedingungslose Anerkennung der „Führungskraft" ausgesprochen ist, darf es dann lustig werden. Ähnliches Verhalten könnte auch im Kontakt von Mensch und Hund angebracht sein. Wenn Hunde allerdings dauerhaft Probleme haben, auf eingeforderte Nähe stets mit Spannung und sichtbarem Unwohlsein reagieren und sich das nur geringfügig verbessert im Laufe des Übens, dann kann euch eine interessante Technik weiterhelfen (siehe Klopftechnik für Hunde, Seite 74).

2

KLOPFTECHNIK FÜR HUNDE

Gibt der Mensch Sicherheit, kann sich der Hund entspannen.

Die energetische Methode wirkt

„Gib mir 'n kleines bisschen Sicherheit, in einer Welt, in der nichts sicher scheint…" – auch wenn unsere Hunde den Song von Silbermond nie gehört haben, die Sehnsucht nach Halt und Sicherheit dürfte bei vielen Vierbeinern riesengroß sein.

Sicherheit und Halt, Beständigkeit und Entschleunigung sind schon seit Jahren wesentliche Elemente meines Coachings für Hunde und ihre Menschen. Auf der Suche nach Methoden und Techniken, die dabei vertiefend und unterstützend für Körper und Psyche wirken können, kam mir wie so oft im Leben der Zufall zu Hilfe. Jörn Lorenzen machte mich bei einem wunderschönen Familienurlaub mit Freunden auf Sardinen mit Klopftechniken für Menschen bekannt. Dahinter verbergen sich Begriffe wie EFT, TFT®, MET®, EDxTM® und P.E.P.®, die alle auf den Pionier Dr. Fred Gallo zurückgehen, der sie der „Energetischen Psychotherapie" zuordnet. Inzwischen praktiziere ich es schon einige Jahre und in der täglichen Praxis habe ich mein Wissen über das Heilströmen damit verbunden.

WAS KANN DIE METHODE BEWIRKEN

Es beglückt mich immer wieder, wie die Arbeit mit dem Klopfen einiger weniger Punkte und das abschließende Verankern dieser Erfahrungen im Körper durch das Strömen beim Hund Konzentration, Kooperation und Gesprächsbereitschaft fördern und ihm innere Stabilität verleihen. Hunde werden durchlässiger für unsere Angebote, bleiben länger im Kontakt mit dem Menschen und selbst manifestierte Lernblockaden lösen sich.
Gerade Hunde mit schlechten Erfahrungen in Bezug auf Nähe öffnen sich dank Klopfen erstaunlich schnell und tief. Ich merke, dass auch bei mir (und den Menschen, die diese energetische Arbeit praktizieren), etwas passiert, während ich klopfe. Ich bin mir sicher, dass dabei das Bindungshormon Oxytocin ausgeschüttet wird – bei beiden Beteiligten (https://pubmed.ncbi.nlm.nih.gov/19771420/). Hunden mit Vorerfahrungen im Klopfen reicht dann in Stresssituationen oft schon, wenn ein Druckpunkt stimuliert wird, um sich zu entspannen.

Allen oben genannten Techniken ist gemeinsam, dass dafür **Akupunkturpunkte** mit den Fingerspitzen klopfend stimuliert werden. Dabei gehen die Gedanken fokussiert und frei von Wertung zu den Symptomen wie Angst, Trauer, Unruhe oder Stress. Frappierend ist, dass die beruhigende und harmonisierende Wirkung unmittelbar sichtbar wird. Für das Klopfen ist keine tiefgehende Ursachenanalyse nötig. Was lag für einen Hundemenschen wie mich näher, als die Begegnung mit dieser Methode bei den Caniden anzuwenden?

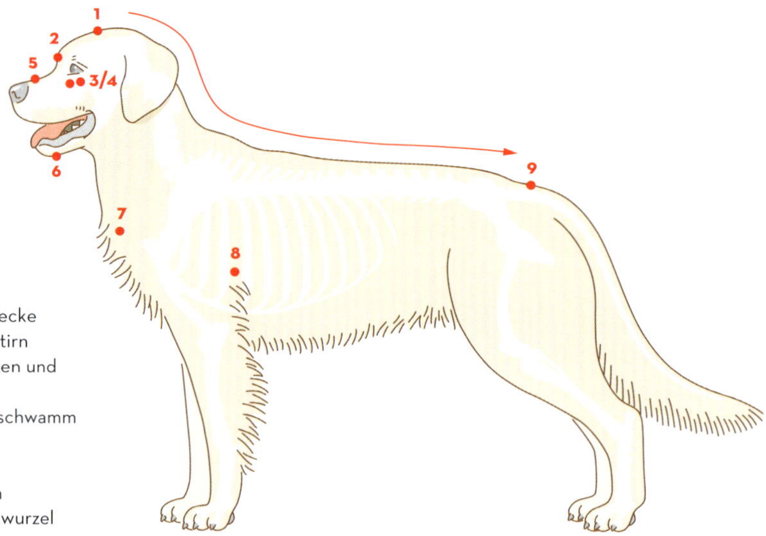

1 Punkt Mitte Schädeldecke
2 Punkt unterhalb der Stirn
3/4 Punkte unter dem linken und rechten Auge
5 Punkt vor dem Nasenschwamm
6 Punkt auf dem Kinn
7 Punkt auf der Brust
8 Punkt auf dem Herzen
9 Punkt an der Schwanzwurzel

Die Klopfpunkte beim Hund

Rückenwind verlieh mir die Lektüre des Buches „Klopfen mit Kindern" von Dipl.-Psych. Claudia Reinicke und Dr. med. Michael Bohne. Der Arzt stellt darin die Hypothese auf, dass man für den Erfolg des Klopfens nicht zwingend in der Lage sein muss, es selbst auszuführen. Wenn Eltern oder Großeltern nach kurzer Einführung Babys und Kleinkinder wirksam durch rhythmisches Klopfen behandeln können, muss es doch auch beim Hund funktionieren. Und es funktioniert. Aus der Vielzahl der möglichen Klopfpunkte wählte ich die für mich als Klopfenden am besten erreichbaren acht Punkte aus.

Der Punkt auf der Mitte der Schädeldecke

ACHT AKUPRESSURFELDER NUTZEN

Ich klopfe nacheinander bis zu acht verschiedene Akupressurfelder oder -punkte für die jeweiligen Meridiane mit ein oder zwei Fingerspitzen.

So gehe ich vor

- Den Hund positioniere ich beim Klopfen gern neben mir. Mit der einen Hand halte ich den Kopf des Hundes, während ich mit der anderen klopfe.
- Jede Stelle wird zehn bis 15 Mal wiederholend geklopft.
- Die Klopffrequenz liegt im mittleren Tempo und ist von mittlerer Intensität.

Der Punkt oberhalb der Stirn

- Jede meiner Klopfrunden beginnt oben auf der Schädelplatte (im mittleren Teil der Sutura Sagittalis zwischen den Parietalknochen). Dieser Punkt wird in der chinesischen Medizin bei Schlafstörungen, Nervosität und innerer Unruhe geklopft.
- Dann folgen die Klopfpunkte zwischen den Augenbrauen, unterhalb beider Augen am Jochbein, an der Schnauze kurz vor dem Nasenschwamm, die Kinnspitze, der obere Brustkorb und unterhalb des Herzens.

Der Punkt oberhalb der Augen steht in Bezug zu Ängsten und Stress. Die Punkte unter den Augen fördern innere Einkehr und emotionale Öffnung hin zum Gesprächspartner. Klopfen kurz vor dem Nasenschwamm und unter dem Kinn stimuliert die persönliche Balance und beruhigt. Der Punkt auf der Brust steigert das Selbstwertgefühl. Wird unter dem Herzen geklopft, steigt die Bereitschaft, sich auf Neues einzulassen, etwas dazuzulernen.

- Danach geht meine flache Hand mit sanftem Druck auf den Ausgangspunkt, die Schädelplatte, streicht mit gleichbleibend sanftem Druck über die Wirbelsäule bis in den Bereich Schwanzwurzel/Kreuzbein. Hier verweilt die Hand dann einen Augenblick (etwa 30 Sekunden).

Die Punkte unter dem Auge

Der Punkt vor dem Nasenschwamm

Der Punkt auf dem Kinn

Der Punkt auf der Brust

Der Punkt auf dem Herzen

Dieser Schritt stammt nicht aus den klassischen Klopftechniken. Ich habe ihn als wunderbare Ergänzung wahrgenommen und verbinde damit das japanische Heilströmen (Jin Shin Jyatsu) mit dem Klopfen. Das in den vorderen Körperteilen erzeugte angenehme Gefühl und die Öffnung der Strömungsbahnen kann ich so in den gesamten Körper leiten, angelehnt an den natürlichen Energiefluss. Die Schwanzwurzel an sich wird in der Traditionellen Chinesischen Medizin als Ort der Entspannung und der inneren Ankunft verstanden.

Das neu aufgebaute Gefühl im Hund kann ich mit dem Abstreichen im ganzen Körper verteilen. Bei Bedarf – und der ist ganz individuell – kann die Klopf-Runde bis zu zehn Mal wiederholt werden.

Variable Abfolge

Variabel ist übrigens auch die hier geschilderte Abfolge. Sie muss wirklich nicht streng eingehalten werden und ist keinesfalls rein schematisch zu sehen. Zum Einstieg kannst du etwa in einer ganz entspannten Situation mit deinem Hund einfach mal

1

1–2 Die Energie wird vom Scheitelpunkt am Kopf über den Rücken bis in die Rute durch ruhiges Abstreichen verteilt.

3 Meist ist der Hund nach Klopfen und Heilströmen entspannt und verarbeitet die neuen Erfahrungen im Schlaf.

anfangen, einen der Punkte zu klopfen. Interessant wird es, wenn dein Hund an einem bestimmten Punkt dann immer abwehrend reagiert. Das gibt dir Hinweise auf ein mögliches Problemfeld, das du dann bei anderer Gelegenheit gezielt angehen kannst. Vermeide gerade in der Anfangsphase jeden Zwang. Es soll etwas Angenehmes zwischen euch entstehen, dein Hund soll das Klopfen als etwas Positives erfahren.

DAS SAGEN HUNDE DAZU

Während des Klopfens zeigen Hunde ganz unterschiedliche Reaktionen. Sehr häufig beobachten lassen sich:

- Gähnen,
- Schmatzen,
- tiefes Ein- und Ausatmen,
- Schläfrigkeit,
- Augenschließen und/oder die Entspannung des Muskeltonus.

Nicht zu unterschätzen ist der Bindungseffekt: Beim Klopfen entsteht häufig eine tiefere Dimension der Nähe und Verbundenheit mit dem Menschen. Klopfen erzeugt eben ein angenehmes, stärkendes Gefühl – und „Dankbarkeit" für den „Verursacher". Hunde mit solchen Klopferfahrungen suchen in Situationen, in denen sie sich schwach oder unsicher fühlen, deutlich mehr die Nähe zum Menschen.

Und für skeptische Gemüter: Unabhängig davon, ob Veränderungen wahrgenommen werden können oder nicht, ist eins klar: Klopfen schadet niemandem. Für die Arbeit mit Hunden ist dies jedenfalls meine gesicherte Erfahrung. Allerdings kann sich auch beim Klopfen wie bei ähnlichen energetischen Methoden eine Erwartungshaltung blockierend auswirken. Also am besten ebenso erwartungs- wie vorurteilsfrei an das Klopfen herangehen.

Beispiele aus der Praxis

Der erste fremde Hund, bei dem ich das Klopfen angewendet habe, war ein etwa sechsjähriger Malinois/Schäferhund-Mix. Er wurde im Seminar so charakterisiert: findet nur selten und viel zu kurz in den Schlaf, attackiert andere Hunde, auch Menschen, hat eine sehr kurze „Zündschnur". Sein verlässliches Kommando, ein „Sitz!" in nahezu jeder Lebenslage, ist häufig die einzige Rettung. Nach einer kurzen Einleitung ließ ich die Kundin den Hund absetzen und leitete sie an, das Tier in der oben beschriebenen Reihenfolge zu klopfen. Nach und nach wurde die Atmung des Hundes entspannter, die Augen kleiner, fielen fast zu, der gesamte Gesichtsausdruck wurde weicher und die Körperspannung verringerte sich deutlich. Am Ende des zweiten Durchgangs legte der Hund sich ab und verfiel in einen tiefen Schlaf. So konnte er weiter

2

3

1 Ich gehe in wohlwollenden Kontakt mit dem Hund.

2 Vertrauensvoll hingegeben, genießt das Tier die Anwendung.

3 Es unterstützt den Prozess, die Schnauze sanft zu halten, während auf der Stirn geklopft wird.

1

2

TIEFES WISSEN AUS DER TCM

Das Wissen um Akupunkturpunkte und ihre Ansprechbarkeit durch Nadeln, Wärme oder eben Klopfen geht auf die Traditionelle Chinesische Medizin (TCM) zurück. Diese jahrhundertealte Erfahrungswissenschaft geht davon aus, dass es im Körper verschiedene Meridiane gibt, auf denen Energien und Emotionen grundsätzlich frei fließen. Werden Emotionen unterdrückt, Traumen nicht bearbeitet, negative Erlebnisse nicht verwandelt, kann ein Energiestau auf diesen Meridianen entstehen. Die Folgen einer solchen Energieblockade können vielfältig sein. Sie zeigen sich manchmal als leichte Verspannung, reichen jedoch durchaus bis zu schweren psychischen Erkrankungen. Durch gleichzeitiges Fühlen und Klopfen der Meridianpunkte – manchmal unterstützt durch wohlwollende Affirmationen – können sich Blockaden der Energiebahnen lösen.

ruhen, obwohl mehrere Menschen nach und nach den Raum verließen und Unruhe entstand. So entspannt und ruhig hatte die Kundin ihren Hund noch nie zuvor erlebt. Das Klopfen wurde zu einem beständigen Ritual zwischen Frau und Hund. Es führte zu einer deutlichen Verlängerung der Schlafzeiten und einer damit einhergehenden Reduktion seiner Reizbarkeit. Nach der Beschreibung der Kundin ist ihr Hund seit den regelmäßigen Klopfeinheiten insgesamt offener, weicher, durchlässiger und zugewandter als jemals zuvor.
Im Rahmen meiner Workshops kommt es immer wieder vor, dass ich mit Kundenhunden arbeite.
Im sogenannten Erstkontakt mit dem Hund gehe ich häufig in die Hocke und klopfe den Hund einige Male unterhalb des Herzens. Hierbei stelle ich immer wieder fest, dass die meisten Hunde sich sehr interessiert und offen in meine Richtung drehen. So ging ich auch bei einem anderthalbjährigen Doggen-Rüden vor, bei dem ich mich jedoch zum Klopfen nicht in Hocke begeben musste. Die Beschreibung der Halterin, dass sich der Rüde Fremden gegenüber misstrauisch und ausweichend verhalte, deckte sich mit meinen vorangegangenen Beobachtungen.
Während und nachdem ich ihn jedoch etwa zehn bis 15 Mal unterhalb des Herzens geklopft hatte,

3

blieb er neben mir stehen und schaute mich interessiert an. Als ich ihn ansprach, um gemeinsam mit ihm loszugehen, folgte er mir im sicheren Schritt und blieb mir zugewandt. Dieser sanfte Einstieg hat einen bleibenden Eindruck hinterlassen und der „Riese“ hat die Klopfeinheiten sowohl bei mir als auch bei der Halterin immer wieder genossen und geradezu einfordert.
Beeindruckend war auch dieses Erlebnis. Nachdem wir im Workshop durch körpersprachliche Mensch-Mensch-Übungen eine Basis erarbeitet hatten, kündigte eine Hundehalterin, die alle Übungen sehr gut umgesetzt hatte, an, dass alles vorbei sein werde, wenn ihr Hund ins Spiel kommt. Und genau so war es, als der kleine Parson Russell Terrier in den Seminarraum kam. Der Hund war mit seinem Kopf und Körper überall, nur nicht bei seiner Halterin. Und die Kundin hatte auch innerhalb von Sekunden alles von ihrer Körperspannung und Ausstrahlung verloren. Gern ließ sie sich darauf ein, sich unter meiner Anleitung selber zu klopfen. Mitten im dritten Durchgang, die Kundin stand sehr stabil und war wieder bei sich angekommen, wurde der Hund plötzlich ruhig und zugewandt. Seine Aufmerksamkeit war sichtbar voll und ganz bei seiner Halterin. Am Ende des dritten Durchgangs sprach die Kundin ihren Hund an und leitete die erarbeitete Bewegungsfolge ein. Beide bewegten sich minutenlang als Einheit durch den Raum. Seitdem klopft die Kundin sich und ihren Hund regelmäßig. Auch hier war das Klopfen nur ein Teil eines komplexen Coachings, aber sicherlich ein wichtiger Mosaikstein für ein harmonisches Miteinander.

Ihr habt jetzt in eure Beziehung investiert und dank Klopfen und Heilströmen neue Bahnen für eure Kommunikation geöffnet.

Eure Verbindung wächst dank der Klopfmethode.

DER NAME ALS ZAUBERWORT

DIE KONZENTRATION STEIGT
Die Ansprache zum Hund mit der Namensnennung ist der Auftakt zur gemeinsamen Aktion.

Der Einsatz des Namens

Den Namen des Hundes setze ich ganz gezielt ein. Wenn ich „Hans-Peter“ sage, ist das verbunden mit einer leichten Verlagerung des Oberkörpers zum Angesprochenen hin. Diese Distanzverkleinerung gehört dazu und verstärkt die Bereitschaft des Angesprochenen, sich zu mir zu orientieren – vor allem natürlich, wenn das Verhalten dann gerade am Anfang jedes Mal mit Futter belohnt wird.

Wissenschaftlich klingt das so: Der evokative Stimulus ist der Name des Hundes. Der Hund lernt, mit einem Blick in das Gesicht des Menschen zu reagieren, wenn sein Name gesagt wird. Der Hund schaut im Aufbau eigenmotiviert zum Menschen. So lernt der Hund für sein weiteres Leben mit seinem Menschen: „Wenn mein Name ertönt, verringert sich die Distanz zwischen uns.“ Nähe ist die Lösung aller Probleme, denn generell bin ich innerhalb meiner Gemeinschaft immer sicher und gut aufgehoben.

Wir bedienen uns dafür eines Automatismus in der menschlichen Kommunikation. Immer, wenn wir jemanden ansprechen, wenden wir uns ihm (meist unbewusst) körpersprachlich zu. Achte einmal darauf. Damit verringern wir die Distanz zwischen den Gesprächspartnern, setzen auf Nähe. Wir treten in den Raum des anderen ein und lassen eine Information folgen. Der Hund verknüpft die Distanzverringerung mit seinem Namen und fährt seine Aufmerksamkeit hoch, erwartet eine Information. Will ich rein körpersprachlich kommunizieren, brauche ich diesen zugewandten Hund. Reflexartig wird sich der geschulte Hund dorthin wenden, wo der Name herkommt, selbst wenn er weiter von seinem Menschen entfernt ist. Du konditionierst also den Namen mit Raumverkleinerung und Aufmerksamkeitssteigerung. Wichtig ist, dir vorher darüber klar zu sein, was du danach kommunizieren willst. Als erstes immer: „Komm nah zu mir.“

In der Kooperationsübung (siehe Seite 58) und auch hier bei der Einführung des Namens erleben wir eine Mischung aus individuellem Lernen durch Versuch und Irrtum (das sich Ausprobieren am Konflikt innerhalb der Kooperationsübung), operantem Lernen mit positiver Verstärkung (auf den Blick des Hundes folgt die körpersprachliche Ansprache mit dem evokativen Stimulus „Name des Hundes“ und einer Belohnung) bis hin zum sozialen Lernen, das in die Kooperation führt. Dieses intrinsisch-motivierte Hinzuziehen und Involvieren des Sozialpartners für eine gemeinsame Zielerreichung wird wesentliches Element euer Interaktionen. Hunde lernen schnell, den erwünschten Blickkontakt in unterschiedlichen Zusammenhängen aus eigenem Antrieb aufzunehmen. Das stützt die These des sozialen Lernens, weil es weniger kontextspezifisch erfolgt, sondern sich als individuelles und operantes Lernen darstellt. Wahrscheinlich wirkt hier die Ausschüttung von Oxytocin noch unterstützend. Das Bindungshormon wird sicherlich durch den Blickkontakt angeregt.

Wenn Verhalten verlässlich wird

Ein wesentlicher Effekt der systematischen Arbeit an deiner Körpersprache ist es, das du dich verlässlich bewegst und dein Hund dadurch für dich lesbar wird, vorhersehbar in seinem Verhalten. Denn durch dein wiederkehrendes Verhalten verrät der Hund dir seine Ideen.

Nicht jeder Hund wird sich automatisch seinem Menschen komplett anpassen, wenn der Zweibeiner sich ab sofort systematisch bewegt. Aber weil der Mensch erkennen kann, wann im immer gleich ausgeführten Bewegungsablauf sich sein Hund verliert, kann er ihm in Zukunft punktgenau die richtige Hilfestellung geben.

FEHLVERHALTEN VERHINDERN, BEVOR ES AUFTRITT

Verhalten ist verlässlich und wenn es ein zweites Mal passiert schon Tradition. Also setze eine zweite Ansprache genau dann, wenn dein Hund noch halb bei dir ist. So kannst du rechtzeitig – vor der eigentlichen Handlung des Hundes, seinem Abdriften – eingreifen und sein Verhalten modifizieren, bevor er es auslebt. Dein Vierbeiner wird im Grunde genommen noch vor seinem Fehltritt auf frischer Tat ertappt und bekommt von dir als kompetenter Führungspersönlichkeit eures Teams eine gute Handlungsalternative angeboten. Mancher Hund guckt dann sichtbar erstaunt zu seinem Menschen und scheint zu fragen: „Woher wusstest du jetzt was ich vorhatte?“

1

2

3

4

Vorübung zur Übung:

1 Der Moment vor der Ansprache

2 Die Ansprache auf dem linken Fuß mit Blick zum Hund

3 Die Öffnung des Blicks und der Schulter, um den Hund nach rechts rüberzuführen

4 Der Hund setzt sich entsprechend der Einladung in Bewegung.

Meine Erfahrung bestätigt mich darin, dass die wenigsten Hunde einen Führungsanspruch haben. Nur aufgrund mangelhafter menschlicher Vorgaben folgen sie ihren Instinkten und glauben rasch, es sei eine gute Idee, im Zweifel immer der eigenen Nase nach zu agieren.
Naja, wer als Hund die Erfahrung macht, dass sein Mensch ein „Fuß“ anordnet und sich dann im Nachgang an die Forderung immer wieder kontrollierend rückversichert, ob der Hund das Kommando auch umsetzt, verlässt sich wohl verständlicherweise eher auf die eigenen Kompetenzen. Leider passen die in den wenigsten Fällen zu den Anforderungen unseres Alltags. Da hinterlässt ein Mensch, der schon weiß, was sein Hund plant und ihn entsprechend rechtzeitig mit der unterbrechenden Hilfestellung (klingt doch tausend Mal besser als Intervention) daran hindern kann, der Idee zu folgen, natürlich viel mehr Eindruck. Du klaust bei dem Bauern, der dich auf frischer Tat ertappt hat, auch keine Kirschen mehr oder?

BAUCHGEFÜHL ALS BASIS?

Gern wird in meinen Workshops über Bauchgefühl als Basis für eigenes Agieren geredet. Ja, Bauchgefühl ist im Prinzip gut. In der Praxis ist meine Beobachtung jedoch, dass es dazu verführen kann, schludrig zu werden. Damit wird der Mensch für den Hund unberechenbar. Für mich ist es eine Frage der Fairness, systematisch und konsistent wiederkehrend zu handeln. Dann bin ich für den Hund glaub- und vertrauenswürdig, das Gegenteil von willkürlich. Erst wenn ich körpersprachlich klar und systematisch bin, kann ich aus dem Bauchgefühl heraus dem Hund Handlungsalternativen bieten. Wenn ich verinnerlicht habe, dass Bewegung im Kopf beginnt und in den Füßen endet, wenn ich körpersprachlich gut mit meinem Hund unterwegs bin, dann kann ich mich auf jede Situation einlassen und bin stets handlungsfähig.

Die Ansprache zum Hund

Lass uns noch mal auf die Komplexität der Ansprache schauen. Eine Ansprache ist immer eine Unterbrechung. Sie fragt: „Hallo, wo sind deine Gedanken gerade?“ Und sie erinnert: „Egal, was du gerade im Kopf hast, blende das aus und wende deine Aufmerksamkeit mir zu.“

Diese Einladung „kehre zu mir ein“ ist freundlich, dabei verbindlich und bestimmt. Sie ist nicht fakultativ-fragend, sondern überzeugend. Ihr Ziel ist immer eine Erhöhung der im besten Fall bereits vorhandenen (Teil-)Aufmerksamkeit. Ich vergleiche sie gern mit der alltäglichen Situation beim Autofahren. Da sitzen wir meist – hoffentlich – mit einer leicht erhöh-

Geht dein Blick leicht über den Hund hinweg, versteht er, dass nichts zu tun ist.

Blickkontakt und Namensnennung lösen die Zugewandtheit des Hundes aus.

ten Aufmerksamkeit am Steuer und trotzdem brauchen wir die Hinweise der anderen Verkehrsteilnehmer wie deren Blinker oder Bremslicht.
Mit der verlässlich gleichlautenden Ansprache bewirken wir bei unserem Hund einen Perspektivwechsel. Er lernt, über diese Ansprache in ein Gespräch mit uns einzusteigen – alternativlos. Deine Ansprache soll immer die im besten Fall ohnehin noch vorhandene Aufmerksamkeit des Hundes erhöhen. Selbst wenn dein Hund vorher woanders hingeguckt hat, kommt bei der Ansprache sein prompter Blick zu dir. Klingt richtig gut, oder?

WIE BEIM BLINKEN

Vielleicht hilft dir dieser „Anker" zur präzisen Ansprache? Deine Ansprache am Start und an Eckpunkten ist vergleichbar mit dem Blinker-Setzen im Straßenverkehr. Während du im Auto durch das Blinken deine Fahrtrichtung anzeigst und den Nachfolgenden mitteilst, dass gleich eine Aktion erfolgt, erreichst du dieses Zusammenspiel beim Hund durch deine Ansprache. Das ist doch höflicher und respektvoller als die unausgesprochene Erwartungshaltung, dass er sich einfach blind mit dir mitbewegt, oder? Und vom Rumzerren an der Leine wollen wir hier schon gar nicht reden....

Was wollen wir tun? Schön, dass du fragst!

SO GEHT'S

- Mensch und Hund stehen sich frontal gegenüber (Abstand etwa 1,5 Meter).
- Mensch im stabilen Stand.
- Leine locker in der Hand. Leicht gespannt.
- Gewichtsverlagerung zum Hund bei Namensnennung.
- Ansprache mit Blick zum Hund.
- Blick nach oben rausnehmen.
- Zurück in den stabilen Stand, einfach nur stehen.
- Aufmerksamkeit und Blick des Hundes sind bei dir, keine Aktivität durch den Hund, lediglich eine gewisse Anspannung seiner Muskulatur ist zu bemerken.

1

2

Das geht langsam in Fleisch und Blut über:

1 Stabiler Stand

2 Oberkörper mit Gewichtsverlagerung auf den Fuß zum Hund

3 Einleitung der gemeinsamen Bewegung

4 Über den Blick und die Schulterbewegung bewegt der Mensch den Hund.

3

4

Immer wieder Grundlagenarbeit

Klingt es für dich etwas merkwürdig, wenn du Übungen aufbauen, Konfliktsituationen inszenieren und dich in unterschiedlichen Settings ausprobieren sollst?

Manchmal ist es nicht so einfach, den Sinn von Übungen zu erkennen. Da ist es erleichternd zu wissen, dass in Hundegruppen ganz ähnliche Prozesse ablaufen. Nicht nur die Mutter erklärt ihren Welpen die Welt durch ihre sehr konkreten Erziehungsmaßnahmen, auch untereinander klären Hunde in stellvertretenden Konflikten, wer was zu sagen hat. Heute nimmt sich der Kumpel auf vier Pfoten einen Stock, wirft ihn demonstrativ in die Luft und positioniert sich strategisch klug, um allen zu zeigen, dass er seine Pfote auf diesem wertvollen Gegenstand abgelegt hat. „Darf ich euch mal daran erinnern, dass dieser Stock jetzt exklusiv für mich reserviert ist?“, fragt er in die Runde. Kommt ein Frechdachs keck daher, um das Objekt der Begierde abzuluchsen, entwickelt sich ein interessantes Gespräch, angefangen vom Blick, der Verlagerung des Oberkörpers bis gegebenenfalls zum Zeigen und Einsetzen der Zähne. Diese „Spielchen“ finden nicht nur einmal im Leben der Hundegruppe statt, sie werden immer wieder in den Alltag integriert. Sie dienen der Klarheit in der Meute und stärken die Sicherheit des Ganzen. Hunde wissen offenbar um die Bedeutung dieser Grundlagenarbeit. Wir Menschen neigen dazu, die Basics abzuarbeiten und dann schnell nach den vermeintlich höheren Weihen zu streben. Dabei ist es im Leben mit unseren Hunden hilfreich, immer wieder zur Basisarbeit zurückzukehren, statt zum Beispiel auf Interventionen zurückzugreifen, wenn etwas nicht (mehr) gut klappt im Zusammenleben. Ich erinnere in meinen Workshops die von der Basisarbeit ermüdeten Teilnehmerinnen und Teilnehmer gern daran, dass sie ja auch jeden Tag zweimal ihre Zähne putzen, obwohl sie wissen, dass hin und wieder ein schmerzhafter Besuch beim Zahnarzt unvermeidlich sein wird …

ZWISCHENDURCH MAL „REGENERIEREN“

Fühlt es sich ein bisschen an wie im Trainingslager? Die eine liebt das, der andere ist eher skeptisch. Wie geht es dir damit? Erinnere dich immer mal wieder daran, was dein Ziel ist. Du wünschst dir einen zugewandten und entspannten Hund. Dafür lohnt sich der Einsatz, denn ohne kommt ihr definitiv nicht an das Ziel. Mit all den Übungen kannst du dich sensibilisieren und neue Fähigkeiten erlernen. Sie helfen dir im Konfliktfall, alte Muster hinter dir zu lassen und Neues in dein Verhaltensrepertoire einzuarbeiten. Und vergiss nicht: Für jeden Sportler ist auch im Trainingslager, wo die Intensität besonders hoch ist, die Regeneration genauso wichtig wie die Aktion.

EIN GEBOT DER FAIRNESS – ZU HAUSE ANFANGEN

Wenn das Drumherum vertraut und reizarm ist, gelingt die Übung erst mal am besten.

Zu Hause üben

Alle Übungen solltest du, wie schon erwähnt, zunächst im häuslichen Bereich erarbeiten. Im vertrauten Umfeld, ohne Ablenkungen, habt ihr die Chance, gemeinsam das neue Miteinander aufzubauen.

Du kannst deinem Hund so unabhängig von konfliktbehafteten Situationen erklären, dass Verlässlichkeit in eurer Beziehung gilt. Und seien wir ehrlich: Wenn ich möchte, dass mein Hund sich draußen an mir orientiert, dann ist es nur fair und sinnvoll, diese Fähigkeit, dieses erwünschte Verhalten, in den eigenen vier Wänden zu praktizieren.

Nur weil im häuslichen Bereich kaum ein Risiko droht, ist es noch lange nicht sinnvoll, da alle fünfe grade sein zu lassen. Kommt dein Hund zwischen Küche und Bad immer zu dir, wenn du ihn dazu aufforderst? Bleibt er ganz nah bei dir, wenn du diese Nähe einforderst und für ihn gestaltest? Was passiert, wenn du ihn danach bewusst freigibst? Und das nicht einmal, sondern sukzessive gesteigert bis zu zehn Mal hintereinander? Tja, Hunde sind gnadenlos ehrlich. Wenn sie dir sagen: Einmal komme ich, aber ein zweites Mal muss nicht sein – oder ein drittes oder viertes Mal schon gar nicht – ist das eine klare Aussage. Wenn du die verstanden hast, darfst du dich dann eigentlich auch nicht darüber wundern, wenn dein Hund im freien Feld mit gerade entdeckten Rehen noch weniger Lust verspürt, deinem Rückruf zu folgen. Also, lass uns zu Hause anfangen. Und gleich noch eine „schlechte“ Nachricht: Fang bei dir an (siehe dazu auch Seite 35). Erarbeite dir ein Gefühl für deinen Körper, für deine Bewegungen, lege die Grundlagen für die körpersprachliche Kommunikation und verinnerliche sie. Und entdecke die Freude daran, es lohnt sich für dich und deinen Hund.

Euer Training beginnt also in den eigenen vier Wänden – nicht draußen, nicht auf dem Hundeplatz und schon gar nicht in konfliktträchtigen Situationen. Viele Menschen erwarten, dass ihr Hund draußen gehorcht, zuhört und folgt. Sie beschreiben, dass der Süße im häuslichen Bereich ja ohnehin völlig unauffällig ist. Aber – zu Hause kommt es uns oft gar nicht darauf an, dass der Hund zuhört und prompt reagiert. Da gilt die große Freiheit, denn die Risiken sind überschaubar. Also einmal schonungslos ehrlich analysieren, ob du zu Hause überhaupt Ansprüche an den Hund stellst. Und wie sieht es aus, wenn die einmal nötig sind, weil zum Beispiel der Briefträger klingelt und Bello auf seinem Platz liegen bleiben soll, statt laut bellend und wild hüpfend mit zur Tür zu gehen? Ja, ich weiß, jetzt fühlen sich viele ertappt.
Zu meinem Verständnis von Fairness gehört es, die wichtigen Dinge erst einmal miteinander zu Hause zu besprechen. Deine kleine Tochter musste ja auch nicht beim großen Familienfest zum ersten Mal mit Messer und Gabel essen, sondern hat es Zug um Zug am heimischen Esstisch lernen dürfen, oder? Und ja, das ging nicht immer ganz stressfrei über die Bühne. Aber gerade gut ausgetragene Konflikte können extrem zusammenschweißen. Das wird dir dein Hund zeigen. Wenn er im Nahbereich erlebt hat, wie gut ihm Verbindlichkeit und Verlässlichkeit tun, wie sie ihm Orientierung und Schutz geben, wird deine Nähe gerade im Konfliktfall seine erste Wahl werden.

Erst wenn der Mensch zum Leckerli hin einlädt, darf der Hund zum verlockenden Reiz hingehen.

SOLOAUFTRITT BEIM ÜBEN

Bei dir leben mehrere Hunde im Haushalt? Dann ist es vor allem in der Anfangszeit gut, beim Üben nur den Hund im Raum zu lassen, mit dem du arbeiten willst. Ansonsten kann deine und die Aufmerksamkeit deines Hundes gestört werden. Manche Hunde lassen sich zudem weniger gut auf eine neue Gesprächsebene mit ihrem Menschen ein, wenn sie fürchten, vor dem Kumpel auf vier Beinen ihr Gesicht zu verlieren.

Dein Hund kann mehr: Kooperation steigern

Ihr erreicht gerade die dritte Stufe der Übungskaskade. In meiner begleiteten Beratung vertiefen wir jetzt das Kooperationsverhalten des Hundes. Die Futterübung aus dem Gegenübersitzen kannst du nun variieren. Sei gespannt, wie dein Hund darauf reagiert.

EIN FORTSCHRITT

Du leinst deinen Hund an und positionierst Futter so im Raum, dass er es bei gespannter Leine gerade nicht erreichen kann. Nun darf er probieren ans Futter zu kommen, jedoch ohne erfolgreich zu werden. Mit ziemlicher Sicherheit wird er sein ganzes Repertoire an Konfliktverhalten zeigen. Das reicht vielleicht von: Ich schieße nach vorne, fange an zu bellen, mache dem Futter ein Spielangebot, über leichte Aggression, bellen, bis hin zu kratzen oder knurren. Du bleibst einfach hinter dem Hund im stabilen Stand mit periphärem Blick (du erinnerst dich daran: leicht über den Hund hinweggucken, ohne dein Kinn zu bewegen und sozusagen im Weitwinkel wahrnehmen, was geschieht. Im Prinzip genauso wie vor der roten Ampel: Du schaust auf das rot leuchtende Signal und nimmst dennoch wahr, was auf der Straße und dem Bürgersteig passiert. Dieser Blick signalisiert deinem Hund: Ich sehe dich, ich nehme dich wahr. Es gibt nichts zu tun.) und wartest auf den Moment, in dem dein Hund auf einmal vom Konflikt wegdenkt, sich nach hinten öffnet und zu dir schaut. Dann verlagerst du dich leicht in Richtung Hund, sprichst ihn an und führst ihn zum Futter. Das wird nicht gleich ruhig und gelassen ablaufen, muss es auch nicht sofort.

DAS ZIEL

Der Hund kommt selbstständig auf die Idee, bei seinem Menschen anzufragen, wie ihr mit dem Konflikt umgehen wollt. Er sieht in diesem Konflikt (anders als wahrscheinlich in manchen anderen Konfliktsituationen) seinen Menschen völlig stabil in der Situation stehen. Weder geht der Mensch in den Konflikt hinein noch reißt er den Hund aus dem Konflikt raus. So wird der Mensch zum sicheren Hafen, zum Fels in der Brandung. Der Mensch übernimmt Führung und geht gemeinsam mit dem Hund zum Konflikt, zum Futter.

1

2

1 Der Hund geht gemeinsam mit dem Menschen zum Konflikt. Der Hund schaut zum Konflikt.

2 Der Hund schaut selbstständig ohne jegliche Intervention vom Konflikt zum eigenen Menschen.

DIE ERSTEN VERSUCHE

Bei den ersten Versuchen wird selbst der flüchtige Blick des Hundes zurück zum Menschen bestätigt. Hat dein Hund also nur kurz geschaut, geht ihr gemeinsam zum Futter. Natürlich steigerst du die Anforderung mit der Zeit und der Hundeblick muss eindeutig und länger bei dir bleiben. Die Erfahrung zeigt: Alle Hunde zeigen in den Wiederholungen das erwünschte Verhalten nicht nur schneller, sondern halten den Blick länger beim Menschen. **Kombiniert dein Hund seinen Blick mit vehementen Aufforderungen, zum Beispiel mit der Pfote kratzen oder jaulen, darf er natürlich nicht zum Erfolg – sprich: zum Futter – kommen.** Wenn dein Hund an dir hochspringt, ignorierst du das zunächst. Wenn das nicht reicht, fasst du sein Vorderbein und gibst diesem einen leichten Impuls in Richtung Boden.

WERFEN ERLAUBT

Ideal ist es bei dieser Übung, wenn eine zweite Person das Futter auslegt. Wenn das nicht geht, wirfst du das Futter selber. Dabei ist entscheidend, den Hund nicht unter Hemmung zu setzen, also das Futter nicht unter Verbot zu stellen. Halte deinem Hund, der ja an der Leine neben dir ist, das Futter vor die Nase. Dann wirfst du das Bröckchen vor oder neben euch, ausreichend weit weg, dass der Vierbeiner es nicht erreichen kann. Dein Hund darf nach vorne preschen, du hältst kommentarlos mit der Leine dagegen. Dein Hund darf „zum Futter“ denken, das verhinderst du in diesem Falle ganz bewusst nicht. Es geht ja darum, dass er lernt, sich gedanklich selbstständig vom Konflikt zu lösen und dir zuzuwenden, damit ihr die Situation gemeinsam meistert. Wenn er das schafft, sich vom verlockenden Futter ab- und dir zuzuwenden, geht ihr gemeinsam zur „Beute“. Und über diesen Lernerfolg darfst du dich dann ruhig freuen.

WENN NICHTS PASSIERT

Es dauert und dauert und immer noch kein Blick vom Hund zu dir? Deine Geduld ist reichlich strapaziert, du glaubst, dein Hund hat keine konst-

3

4

5

3 Der Mensch spricht den Hund an.

4 Der Hund bewegt sich nahezu spiegelbildlich mit dem Menschen vom Konflikt weg.

5 Der Hund bleibt auch beim Weggehen im Kontakt mit dem Menschen.

ruktive Idee mehr. Verlagere dich ein wenig mit dem Oberkörper zum Hund hin, schaue ihn dabei nicht an. Die meisten Hunde reagieren auf diesen Eintritt in ihren Raum mit dem Blick zurück.
Dein Hund legt sich hin und bleibt einfach liegen. Der Konflikt, das Futter, interessiert ihn offenbar überhaupt nicht. In dieser Situation kannst du deinen Hund ruhig ansprechen und bitten aufzustehen. Dann geht das Spiel von vorne los – vielleicht baust du körpersprachlich gleich etwas mehr Spannung auf?

NOCH EIN BISSCHEN STEIGERN

Den Übungsaufbau wie oben beschrieben kennt ihr ja schon. Jetzt wird variiert. Auf den Blick des Hundes zurück zum Menschen folgt nicht das gemeinsame Hingehen zum Futter, sondern die Ansprache an den Hund und die klare Wegweisung vorbei am Futter. Weitere Varianten können sein: Um das Futter herumgehen. Vom Futter weggehen.
Was hier mit dem Reiz „Futter" geübt wird, lässt sich natürlich auf andere Situationen übertragen. Der Ablauf gilt auch, wenn andere Menschen mit Hund entgegen kommen.

Keine Tabuisierung!

Dabei geht es ausdrücklich nicht um eine Tabuisierung des Futters. Die (innerliche) Aussage ist also gerade nicht: „Das ist verboten!“, sondern die ebenso herzliche wie alternativlose Einladung, miteinander im Gespräch zu bleiben. Der Hund bleibt dem Menschen zugewandt und nimmt seine Koordinaten in der Führung kooperativ an. Die Gemeinschaft und die gelingende Kommunikation stehen dabei im Vordergrund.

STELL DIR VOR …

Du bist am Strand tief im Sand eingebuddelt. Es war ein lustiges Spiel (zumindest für die anderen). Nur noch dein Kopf guckt raus und ausgerechnet jetzt wird es Zeit für eine Runde Eis. Du wirst nur an dein Ziel kommen, etwas vom Eis zu schlecken, wenn du mit deinen Freunden kooperierst. Wie kannst du sie dazu bringen, dir das Eis so hinzuhalten, dass etwas auf deiner Zunge landet und nicht alles buchstäblich versandet? Ähnlich fühlt sich vielleicht dein Hund bei diesen Kooperationsübungen – und viel kannst du beim Beobachten über ihn erfahren. Welches Ausdrucksverhalten entdeckst du? Achte auf seine Ohren. Auch wenn die Stehohren natürlich am meisten zeigen, sind Bewegungen bei Schlappohren erkennbar. Liegt das Futter unerreichbar vor dem Hund, gehen die Ohren zum Futter. Mancher Hund zittert am ganzen Körper vor Erregung, bis ein kurzer Moment der Ruhe einkehrt und ein Ohr sich leicht nach hinten öffnet. Das Dilemma beim Einsatz der Hundeohren ist jedoch, dass Hunde, die den Blick zum Menschen verinnerlicht haben, kaum noch die Ohren einsetzen. Das Ohrenspiel ist also ein Teilelement innerhalb der gesamten Kommunikation und dient vielen Hunden als Brücke zur Kommunikation. Wenn du im Übungsgeschehen siehst, dass das Ohr sich nach hinten orientiert, ist schon sehr viel kooperative Kommunikation da. Schön, wenn du diesen ersten Gedanken zum Menschen wahrnehmen kannst und abwartest, dass zum Ohr auch noch das Auge, der Blick zu dir folgt. Höre deinem Hund zu, Wort für Wort, und erkenne, wie er mit dir ins Gespräch kommt. Ist seine Rute zunächst sehr dynamisch? Wann wird sie ruhig? Öffnet sich dein Vierbeiner genau dann nach hinten zu dir? Manche zappelige Typen entscheiden sich nach

Fein beobachten, denn das Ohrenspiel vieler Hunde ist erstaunlich aussagekräftig. Wie kommuniziert dein Hund über seine Ohren mit dir?

1 Beide Ohren sind nach vorne zum Objekt der Begierde ausgerichtet.

2–3 Mit dem linken Ohr fragt der Vierbeiner schon mal beim Menschen nach, bevor er dann …

1

2

einiger Zeit zum Hinsetzen oder Hinlegen. Du kannst ihnen ansehen, wie sie anfangen zu denken. Oft wird dabei die Atmung tiefer, die Zunge länger, manche runzeln die Stirn. Kann dein Hund mit beiden Ohren nach hinten arbeiten? Wie variabel ist er mit seinem rechten, wie mit seinem linken Ohr? Manchmal liegt in einer einseitigen Begabung die Ursache für Probleme, wenn der Hund auf der „falschen“ Seite geführt wird, auf der er buchstäblich nicht zuhören kann. Gut lässt sich das in Bewegung wahrnehmen, wenn ihr zum Beispiel gemeinsam die Vierecksübung (siehe Seite 116) absolviert. Ist das innere Ohr geöffnet, zeigt es zum Menschen und wird zu einem dritten Auge? Dann seid ihr eurem Ziel, dem locker neben dir laufenden Hund in guter Zuwendung zum Menschen, schon sehr nahe gekommen. Mit diesen Übungen nähert ihr euch den nächsten Trainingseinheiten.

ES DAUERT EIN BISSCHEN

Vor dir liegen drei Lernphasen. In der ersten geht es darum, dich zu sensibilisieren (Bewegungen lernen). Dafür braucht der Mensch 300 bis 700 Wiederholungen, um den Bewegungsablauf verinnerlicht zu haben. In der zweiten kommt das Stabilisieren an die Reihe (700 bis 7.000 Wiederholungen, um in den Bereich der automatisierten Abläufe zu gelangen). Lernphase 3 dient dem Etablieren (reflexartig abrufbar, aus dem Bauch heraus, 7.000 – 70.000). In diesem Dreiklang heißt es: Sensibilisiere dich, sensibilisiere deinen Hund. Zeige ihm, dass deine Verlagerung zu ihm hin bedeutet, dass seine Aufmerksamkeit dir gehört. Stabilisiert euch in diesen Bewegungen. Etabliere die Abläufe, sodass für beide Seiten klar ist: Immer dann, wenn du etwas vom Hund willst, verlagerst du dich zu ihm hin, verringerst die Distanz, um ihn dann mit in die gemeinsame Aktion und Bewegung zu nehmen.

4 … zurückschaut und Auge in Auge nachfragt, wie das Problem gelöst werden soll.

3

4

SO ÄHNLICH: MENSCH UND HUND UND IHRE KOMMUNIKATION

DER MENSCH FORDERT UND FÖRDERT
Wer so aktiv anspricht, gewinnt die Aufmerksamkeit der Hunde.

Kommunikation – Bindemittel für soziale Beziehungen

Kommunikation ist kein Selbstzweck, sondern ein wichtiges Bindemittel für soziale Beziehungen. Es zeigt seine Wirkung nicht nur von Mensch zu Mensch.

Selbstverständlich kommunizieren auch Hunde untereinander. Sie tauschen Informationen aus, starten gemeinsame Aktionen, weisen Welpen in ihre Grenzen, zeigen ihre Gefühlslage oder fordern einen Artgenossen zum Spiel auf. Welch riesiges Feld der Übereinstimmung, das die Ähnlichkeit zwischen Mensch und Hund einmal mehr demonstriert – und Voraussetzung dafür ist, dass die Kommunikation zwischen Zwei- und Vierbeiner klappt. Allerdings erleben wir Menschen ab und zu durchaus, dass selbst die verbal unterstützte, zwischenmenschliche Kommunikation nicht immer zu einer wirklichen Verständigung führt. Und im Info-Fluss zwischen Mensch und Hund hakt's nicht selten. Also bemühen wir uns um passendere Worte, eindeutigere Körpersprache, authentischere Mimik. In der Interaktion mit unserem Hund müssen – nein: wollen – wir uns schulen. Nur so kommen wir unserem Traum vom reibungslosen Zusammenwirken näher.
Genau um diese Kooperation geht es uns, wenn wir unseren Hund ansprechen, mitnehmen, ausbremsen, führen. Gelingt das, wachsen wir zu einer starken Gemeinschaft zusammen. Die bewährt sich dann selbst in Konfliktfällen und macht das Leben für Mensch und Hund entspannt.

DREISEITIGE INTERAKTION

Längst gibt es viele wissenschaftliche Befunde, die nahelegen, dass Hunde – ähnlich wie Kleinkinder – mit einer Person und mit einem Gegenstand in einer sogenannten Triade (dreiseitig) interagieren können. Das gilt als Voraussetzung für tatsächliche Kooperation. Bei der Förderung von Verständigung und Kooperation mit dem Hund greife ich darauf zurück. Mit speziell dafür entwickelten Übungen können gegenseitiges Aufeinander-Eingehen, gemeinsame Zielerreichung und klare Rollenverteilungen entwickelt werden. Klingt vielleicht anstrengend, macht aber wirklich Freude. Und weil in diesem Prozess aus neurophysiologischer Erkenntnis die Spiegelneuronen eine wichtige Rolle spielen, erfährst du dabei gleich noch einiges über dich, zum Beispiel über deine Geduld, deine Beharrlichkeit, deine Ausstrahlung. Spannend, oder? Da erscheinen die hundertfachen Wiederholungen, die notwendig

1

sind, um frisch Erlerntes fest zu verankern, die Herausforderung für Geduld und Frustrationstoleranz doch gleich in einem günstigeren Licht.

DARUM GEHT ES

Worum geht es in der körpersprachlichen Kommunikation mit dem Hund? Eine Bewegung, die möglichst konstruktiv ist, löst eine Hinwendung zum Menschen aus. Mit meiner Ansprache will ich erreichen, dass der Hund in seiner Konzentration ein wenig hochfährt und sich mir zuwendet, mir zugewandt bleibt. Dabei ist mein Agieren ein interessantes Wechselspiel. Das Energieniveau meiner Ansprache gibt mir der Hund vor. Ist er bereits gut zugewandt, reicht eine leichte Gewichtsverlagerung zu ihm hin, um die Aufmerksamkeit zu erhöhen. Schweift mein Hund gern ab und nimmt vieles um sich herum mindestens genauso gern wahr wie mich, braucht er eine intensivere Ansprache. Geht sein Blick zu mir, wenn ich mein Gewicht deutlich auf meinen ihm nahestehenden Fuß verlagere und einen kleinen Schritt zu ihm hin mache? War die Ansprache zu stark, gibt es Hunde, die ausweichen, ihren Blick zur Seite oder nach unten herausnehmen. Deine Chance liegt darin, die Reaktion deines Hundes als Spiegel für dein eigenes Auftreten zu erkennen – lass uns also in diesen Spiegel schauen und mit den ausgewählten Übungen experimentieren.
Ziel ist es, dass dein Hund versteht: Es lohnt sich, mit dir zusammen zu arbeiten. Und wenn er verstanden hat, dass sich Kooperation für ihn lohnt, ihn schützt und entspannt, wird er gerade in Konfliktsituationen darauf zurückgreifen und bei dir die angemessene Entscheidung abfragen.

1 Stabiler Stand

2 Ansprache zum Gegenüber

3 Schulteröffnung zum Losgehen

4 Der Blick zeigt die Richtung an.

GLEICH LÄUFT'S

Bevor du mit deinem Hund nun in die gemeinsame Bewegung startest, trainierst du am besten mit einer Trockenübung deine Koordination und dein Körpergefühl. Die sogenannte **Flaschenübung** (siehe Seite 110) vereint die Schulung von Blick, Schulteröffnung und Bewegung des Beines. Du kommst durch Wiederholungen in einen vertrauten Bewegungsablauf. Das Üben baut die Stabilität im Oberkörper aus, der routinierte Wechsel der Flaschenhand sorgt für die richtige Verlagerung des Gewichts. Und du lernst, konzentriert mit deinem Körper zu arbeiten. Deine Wahrnehmung wird geschult: Wie spreche ich an? Wie öffne ich? Wohin führe ich meinen Blick? Wie führe ich die Schulter?

2

3

4

5

6

5 Der Blick und die Bewegung enden am Zielpunkt.

6 Am Zielpunkt wird der Blick nach oben rausgenommen.

Mit der Flasche üben:

1 Stabiler Stand

2 Ansprache zur Flasche

1

2

Trockenübungen

Das Üben ohne Hund lenkt deine Konzentration komplett auf die zu erlernenden Bewegungsabläufe. Das gibt dir Sicherheit für korrekt ausgeführte Körpersprache. Davon profitiert dein Hund dann genauso wie du, wenn es gemeinsam losgeht mit dem Training.

FLASCHENÜBUNG – SO GEHT'S

- Du stellst dir vier Stühle im Kreis auf (als Stellvertreter für Menschen) und postierst eine Flasche auf dem Stuhl, der auf 12 Uhr steht.
- Du gehst auf die Flasche zu, sprichst sie mit Blick, Gewichtsverlagerung und kleinem Schritt mit dem rechten Fuß zu ihr hin an,
- nimmst die Flasche in die rechte Hand,
- wechselst sie in die linke Hand,
- öffnest deinen Oberkörper über die linke Schulter nach links, verlagerst dein Gewicht auf den linken Fuß, schaust in Richtung des 3-Uhr-Stuhls, dein Kinn bleibt parallel zum Boden
- und du gehst zum nächsten Stuhl.

3

4

5

– Du stellst die Flasche kurz ab, stehst wieder mit den Füßen parallel vor dem Stuhl, sprichst wieder an wie oben, öffnest über die linke Schulter ins linke Bein und
– gehst so von Stuhl zu Stuhl, bis du wieder am Ausgangspunkt angekommen bist. Also jeweils Ansprache, Handwechsel, öffnen, weitergehen, übergeben ...

Tipp: Wenn du dich mit der Flaschenübung etwas schwer tust, schlage ich dir erst einmal folgende Übung vor.

LEINENTEST – SO GEHT'S

– Stehe im stabilen Stand.
– Halte eine verkürzte Leine vor dir straff gespannt zwischen deinen gut schulterbreit gestreckten Armen.
– Verlagere dein Gewicht nach vorne auf den linken Fuß (überprüfe das so: Das rechte Bein kannst du ohne zu wackeln leicht anheben).
– Öffne dich mit der rechten Schulter nach rechts, sodass deine Füße eine Dreiecksbewegung machen. Die ganze Bewegung startet aus dem Oberkörper und geht in die Beine.
– Bleibt die Leine gespannt, hast du die Rückversicherung, alles richtig gemacht zu haben, denn dann hat deine rechte Schulter die Bewegung korrekt geführt.

Was vielleicht kompliziert klingt, ist unbemerkt fast tägliche Routine. Jede von uns, die einen Einkaufswagen durch den Supermarkt bewegt, führt sie aus. Achte einfach mal darauf. Wenn der Einkaufswagen vor dir steht und du möchtest ihn nach rechts bewegen, dann wirst du geradezu reflexhaft eine Verlagerung auf den linken Fuß machen, um dann den Einkaufswagen mit der rechten Schulter nach rechts öffnend zu bewegen.

3 Handwechsel zum Schulteröffnen

4 Blick und Flasche ...

5 ... zeigen zum Ziel.

1

2

3

1–5
Der Alltag trainiert dich: Am Einkaufswagen führst du die Bewegungsabläufe unbewusst ohnehin durch. Jetzt kannst du einfach mal ganz genau auf jeden einzelnen Schritt achten.

4

5

Jetzt seid ihr reif dafür, gemeinsam loszugehen

Bei dieser Übung geht es darum, die Strecke des gemeinsamen Gehens zu verlängern. Wir beginnen mit dem Weg nach rechts.

SO GEHT'S

- Stabiler Stand.
- Leine in der rechten Hand. Leicht gespannt.
- Hund im Sitz frontal gegenüber.
- Ansprache des Hundes (du weißt ja: Aus dem stabilen Stand bei locker gespannter Leine verlagerst du dein Gewicht zum Hund, dein Blick geht zum Hund und du sprichst ihn mit seinem Namen an.)
- Blick ins Hundegesicht.
- Gewichtsverlagerung des Menschen im Oberkörper leicht nach vorne.
- Kleiner Schritt mit linken Fuß nach vorne. Gewicht auf dem linken Fuß.
- Leine wird locker.
- Blick geht nach oben.
- Hund fokussiert den Menschen.
- Rechte Schulter öffnet ins rechte Bein.
- Auf gedachter Linie gemeinsam losgehen.
- Hund folgt spiegelbildlich. Leine bleibt locker (Spannung auf der Leine zeigt, dass sich der Hund schon ein Stück weit aus dem Gespräch verabschiedet hat).
- Einige Schritte gehen.
- Dann einfach stehen bleiben. Wenn dein Hund mit dir gut im Gespräch ist, hält er automatisch nahezu zeitgleich mit dir an.
- Seine Aufmerksamkeit bleibt bei dir. Deine Aufmerksamkeit geht nicht zum Hund, du bleibst ganz bei dir. Atmen nicht vergessen.

Eine Pause für die Wahrnehmung

Nimm dir Zeit, nach dieser Übung erst einmal wahrzunehmen, was schon gut gelaufen ist. Zelebriere diesen stimmigen Moment.

Hat dein Hund auf die Ansprache prompt reagiert und den ersten Schritt gut mitgemacht? Super. Zwischen Ansprache und erstem Schritt entscheidet sich bereits der weitere Verlauf des Gesprächs. Wird es ein gutes oder redet ihr aneinander vorbei? Wenn das (noch) der Fall war, ist es doch gar nicht dramatisch. Du fängst ja gerade erst an, dich zu schulen. Was brauchst du da noch an Sicherheit? Was braucht dein Hund

1

2

3

4

5

Die Bewegungsabläufe gehen allmählich in Fleisch und Blut über:

1 Ansprache

2 Öffnende Bewegung

3 Klare Blickführung

4–5 Körpersprachlich eindeutige Führungshilfen

als Führungshilfe? Erkenne den Punkt, an dem sich der Vierbeiner ausgeklinkt hat. Dann kannst du ihn beim nächsten Mal genau dort abholen, bevor er sich verliert. Du signalisierst ihm damit: Ich weiß, was du tun wirst. Aber das, was ich dir anbiete, ist viel besser und zielführender, also lass dich darauf ein.

ÜBERPRÜFE DEIN VORGEHEN

Zu allererst überprüfe, ob du körpersprachlich klar formuliert hast, was ihr zusammen tun werdet. Nur wenn der Mensch in seiner Formulierung klar ist, funktioniert Körpersprache. Die Übungen geben dir das nötige Rüstzeug, um systematisch zu werden und dadurch für deinen Hund lesbar. Gehst du zu schnell schon gleich beim ersten Schritt deines Hundes in eine zweite Ansprache, kann er das als Kontrolle wahrnehmen und gerade die verhindert dann, dass er korrekt ausführt, was du vorgibst. Kontrolle löst immer Verhalten aus beim Hund, der so ins Meiden geht und zurückfällt. Also gut sortieren, was Ursache und was Wirkung ist. Um eure langsam wachsende Verbindung zu stärken, empfehle ich euch den **Engtanz** (siehe Seite 70) immer wieder zu praktizieren. Neu hinzu kommt jetzt das **Gehen entlang eines Vierecks.**

Gut vorbereitet dank Mensch-Mensch-Übung

Vier Hütchen, Hocker oder Kegel markieren ein Viereck. Ein Mensch führt – hält also die Leine, der andere (als Hund, also am anderen Ende der Leine) folgt.

SO GEHT'S

- In jeder Ecke des Vierecks, immer vor dem Hütchen/Hocker/Kegel, erfolgt eine Ansprache (siehe Seite 90).
- Starte mit der Ansprache in der ersten Ecke.
- Kurz darauf folgt direkt die zweite Ansprache, um die Aufmerksamkeit zu halten.
- An der zweiten Ecke erneute Ansprache und ebenso an der dritten.
- Auf Höhe des Startpunktes/Endpunktes hockt sich der Mensch hin, schaut kurz auf die Stelle, wo der Hund enden soll, und nimmt dann seinen Blick nach oben, also über den Hund, aus der Situation heraus. (Detaillierte Beschreibung für die Mensch-Hund-Übung „Magisches Viereck", siehe Seite 120.)

1

2

Hier geht es vor allem um die zweite Ansprache. Ich habe mir dieses Element innerlich „abgespeichert" als die Sequenz im Alltag, wenn ich aus dem Haus gehen will und nochmal kurz überlege, ob ich den Schlüssel eingesteckt habe. Das überträgst du so auf deine zweite Ansprache zum Hund hin. Die meisten Hunde verlieren sich zwischen Ansprache und Losgehen, verabschieden sich nach deiner ersten Ansprache aus eurem Gespräch. Das verhinderst du mit der zweiten Ansprache. Sie ist nicht gegen den

3

Hund gerichtet, ist keine Korrektur, sondern dient der Erhöhung der Aufmerksamkeit. Diese erhöhte Aufmerksamkeit nimmst du mit in deine weiterführende Handlung, indem du den Hund zum nächsten Hütchen hinführst. Also nach der ersten Ansprache kurz stoppen, Oberkörper leicht eindrehen, Gewicht zum Hund hin verlagern, den Hund anschauen und seinen Namen nennen, Blick rausnehmen, Schulter öffnen und weitergehen. Übrigens: Die Bewegung nach der Ansprache, also die Öffnung zum nächsten Hütchen, ähnelt der Bewegung, mit der du eine Türklinke drückst und die Tür in einen neuen Raum öffnest, um das ganze Bild mal mit einer alltäglichen Handlung zu verbinden.

4

1 Ansprache zum Hund

2 Einleitung der öffnenden Bewegung

3 Ergänzende/zweite Ansprache („Schlüssel vergessen?")

4 Ansprache am Eckpunkt

5 Weitere Ansprache aus der Bewegung

6 Gemeinsames zugewandtes Ankommen

5

6

1

2

So kannst du spielerisch erproben, wie du intervenieren willst, bevor dein Hund (der Mensch als Hunde-Vertreter in dieser Übung) sich erfahrungsgemäß aus dem Gespräch verabschiedet. Je nach Kooperationsbereitschaft und Charakter deines Hundes dosierst du den Druck in deiner Ansprache. Je kooperativer der Hund, desto weniger Intervention ist nötig. Am menschlichen Übungspartner kannst du dich in deinem Interventionsrepertoire schulen – immer in der Erwartung, es möglichst gar nicht einsetzen zu müssen. **Wichtig ist, bei der Ansprache oder einer Intervention kurz zum Hund bzw. seinem menschlichen Vertreter zu schauen und dann prompt mit deinem Blick die Bewegungsrichtung vorzugeben.** Hier sind wir wieder beim „Du bist gemeint. Das werden wir tun". Kurz unterbrochen durch „Habe ich den Schlüssel dabei?" Bei der Mensch-Mensch-Übung erfährst du von deiner Übungspartnerin bzw. deinem Übungspartner, wie deine Ansprache gewirkt hat. War der Druck zu stark, zu schwach, genau richtig? Hast du korrekt in die folgende Bewegung übergeleitet, deinen Blick eindeutig geführt, auf einen Kontrollblick verzichtet?

DIE ÜBUNG GEMEINSAM REFLEKTIEREN

Reflektiere gemeinsam mit dem Hund-Ersatz auf zwei Beinen, was bei ihm passiert und nehme wahr, was bei dir passiert. Durch das Formalistische dieser Übungen willst du deinem Hund erklären, mehr noch: beweisen, dass du in der Lage bist, verlässlich zu kommunizieren und kompetent mit deinem Körper und seiner nachvollziehbaren Sprache umzugehen. Die Hütchen dienen dir als Orientierungspunkte, sie unterstützen deinen Lerneffekt. Dein „Hund" bleibt zugewandt. Achte dann mal auf seine Augen, sie verändern sich ebenso wie sein Gangbild und häufig auch die Position seiner Rute. Alles fließt in eine Lockerheit mit leicht angespannter Begehrlichkeit. Ihr schwingt im Einklang. Es geht überhaupt nicht um Kadavergehorsam, sondern um Sicherheit, Vertrauen und Ankerpunkte, die euer Zusammenleben stärken. Jetzt wird es Zeit, mit deinem Hund um die vier Ecken zu gehen.

3

1–4

Nach der Mensch-Mensch-Übung nun Hund und Mensch im perfekten Einklang – der Hund ist dem Menschen stets voll zugewandt. So gelingen Richtungswechsel harmonisch.

4

KONTROLLE IST NICHT BESSER

Bei dieser Übung ist es besonders wichtig, den Kontrollblick, das ständige vermeintlich noch so diskrete Nachschauen, zu unterlassen. Im Magischen Viereck spürst du sofort, was dieses Signal menschlicher Unsicherheit beim Hund auslöst. Er fällt zurück, weicht aus, verabschiedet sich aus der Verbindlichkeit. Hier kannst du lernen, in dich zu vertrauen. Sei überzeugt von dem, was du tust. Wenn du überzeugt bist von dir, deiner deutlichen Körpersprache, beginnst du mit dem Führen. Wer wirklich führt, muss nicht kontrollieren Das nimmt dein Hund wahr, das überzeugt ihn von deinen Qualitäten.

1

2

Das magische Viereck

Wie in der Trockenübung auf Seite 116 markieren wieder vier Hütchen oder Hocker oder Kegel ein Viereck. Wer ein viereckiges Podest am See zum Üben hat, braucht natürlich keine Hütchen als Markierung.

SO GEHT'S

- Du setzt deinen angeleinten Hund an einem Eckpunkt ab und stellst dich frontal vor ihm auf (siehe Übung Ansprache, Seite 90).
- Da die Laufrichtung im Viereck zunächst nach rechts geht, sprichst du deinen Hund auf dem linken Fuß an und öffnest über die rechte Schulter im 45 Grad Winkel den Raum für euren gemeinsamen Weg.
- Unmittelbar danach verlagerst du dein Gewicht nochmal zurück zum Hund und sprichst ihn erneut an (wie ein Wiegeschritt).

Damit steigerst du die Aufmerksamkeit deines Hundes. Erinnere dich für diese zweite Ansprache wieder an den Moment, wenn du das Haus verlassen willst und im letzten Augenblick nochmal kontrollierst, ob du auch wirklich deinen Schlüssel dabei hast. Du sensibilisierst durch die rasch folgende zweite Ansprache deinen Hund dafür, länger in der Konzentration bei dir zu bleiben.

- Sofort geht dein Blick nah an dein linkes Bein, weiter nach oben und nach vorne entlang einer gedachten Wegstrecke zum zweiten Eckpunkt
- Kurz davor sprichst du deinen Hund wieder sehr klar an: Dein Oberkörper und dein Blick verlagern sich eindeutig auf das linke Bein und damit deutlich hin zum Hund.

1 Die erste Ansprache

2 Die zweite Ansprache zur Erhöhung der bereits vorhandenen Aufmerksamkeit

3 Gemeinsames synchrones Gehen

4 Gemeinsames Öffnen zum nächsten Eckpunkt

5 Der dem Menschen zugewandte Hund in der Bewegung

6 Ansprache in Richtung des bereits zugewandten Hundes

7 Gemeinsames Ankommen und Körperkontakt im Nahbereich

3

4

5

6

- Dann öffnest du den weiteren Weg wieder mit der rechten Schulter und dem rechten Bein bis zum nächsten Hütchen,
- dort wieder Ansprache wie gehabt.
- Nach dem körpersprachlichen Stopp am vierten Hütchen gehst du in die Hocke und dein Hund folgt deiner Einladung, frontal ganz nahe zu dir zu kommen (siehe Nähe-Übung). Gut ist es, diese Übung – wie auch manche andere – immer mal wieder auch von der anderen Seite zu praktizieren. Im Alltag kommt ihr nicht einseitig durchs Leben.

DAS ZIEL

Dein Hund bleibt auf den geraden Strecken zwischen den einzelnen Pylonen mit seiner Aufmerksamkeit bei dir, sein Blick bleibt zugewandt und er läuft auf Schulterhöhe oder leicht nach hinten versetzt mit dir im Einklang. Das Magische Viereck ist dann stabil erarbeitet, wenn der Hund die jeweiligen Ansprachen an den Eckpunkten damit beantwortet, dass seine bereits vorhandene Aufmerksamkeit (der Hund schaut den Menschen jeweils schon an) noch gesteigert wird, die Leine stets locker bleibt und ihr euch im Gleichschritt bewegt.

7

WAS SAGT DER HUND DAZU?

Nimm dir Zeit, die Reaktion deines Hundes auf die zweite Ansprache wahrzunehmen.
Was hat er gebraucht und was war eventuell etwas zu viel an Druck? Sensibilisiere ihn ganz fein, konstanter im Gespräch mit dir zu bleiben. Nutze seine erhöhte Aufmerksamkeit, um flüssig in die gemeinsame Handlung überzuführen. Mit der Zeit erreichst du, dass dein Hund dir deutlich mehr zugewandt bleibt, seinen Blick mehr auf deinen Kopf und deine Schulter richtet, bewusst bei seinem Menschen verweilt, mit seinem Geist und seinem Körper. Vor dem nächsten Eckpunkt nimmt er dann wahr, wie du dich ein wenig in seine Richtung verlagerst, deinen Blick erst zu ihm, dann in deinen eigenen Körper und voraus bis zum nächsten Hütchen schickst.
Wenn dem bald ein freudig-gespanntes „Anhimmeln“ folgt, hat das nichts mit Unterwerfung zu tun. Dein Hund will mehr davon erfahren, was du mit deinem Körper erzählst. Er hat Lust darauf, dir zugewandt zu sein. Dein Hund sieht dich mit anderen Augen, hängt an deinen Lippen. Schön, oder? Wenn du dich darüber freust, kommt diese Emotion nahtlos bei deinem Hund an. Du musst also gar nicht groß loben und Freude verbal rüberbringen. Vor allem darfst du beim Loben nicht aus deiner Position, deiner stimmigen Körpersprache rausgehen. Neigst du dich zum Hund, erwartet er eine Aufforderung von dir oder empfindet dein ihm Ins-Gesicht-Schauen vielleicht sogar als bedrohlich. Gerade die Vierecksübung ist ideal dafür, das Loben nach vorne in Laufrichtung zu üben.

IMMER MEHR, IMMER MEHR

Verständlich, dass du noch mehr davon möchtest. Jetzt seid ihr zwei reif dafür und du kannst im Viereck Elemente der Kooperationsübung einbauen, also auf eurer Strecke am Rande des Vierecks Futter nach vorne auslegen. Dein Hund verlagert sich in die Richtung der Verlockung, die Leine strafft sich? Kein Problem, Hauptsache er guckt daraufhin nach hinten und fragt dich, wie ihr mit diesem Konflikt umgehen wollt. Also anhalten und ausprobieren, ob er selbstständig auf die Idee kommt, zum Menschen

1 Der Blick des Menschen führt zum Ziel.

2 Die kurze Ansprache erinnert an die notwendige Zugewandtheit, weg vom Konflikt.

1

2

NICHT SO EINSEITIG

Natürlich lassen sich alle Übungen auch von der anderen Seite ausführen. Es ist sogar wünschenswert, auf beiden Füßen zu trainieren, also mal mit dem linken Fuß ansprechen, mal mit dem rechten. Die meisten Menschen haben Präferenzen für eine Seite, viele Hunde auch. Es ist wichtig, alles auch in die andere Richtung ausführen zu können, denn in der freien Natur hast du nicht immer die Wahl, deine beliebte Seite einzusetzen.

3 Nah beim Menschen ist es immer gut.

4 Gemeinsam lässt sich der Weg harmonisch fortsetzen, egal was am Wegrand lockt.

zu schauen. Das kann ruhig etwas dauern, bleib geduldig und standfest. Jetzt, wo an den Eckpunkten Konflikte lauern, geht es ja verstärkt um Kooperation und ihre Förderung. Egal was lockt, dein Hund soll auf die Idee kommen, zu dir zu schauen. Guckt dein Hund dir ins Gesicht, könnt ihr gemeinsam dahin gehen, wo die Verlockung liegt.
Oder, wenn ihr schon sicherer seid, wählst du mal die Variante, gemeinsam am Futter vorbeizugehen. Was passiert dann? Braucht dein Vierbeiner hier eine deutliche Ansprache von dir? Reicht es, wenn du seinen Namen lauter sagst? Wenn du dich zu ihm hin verlagerst? Mit dem linken Fuß aufstampfst? Musst du ihn vielleicht an seiner Schulter antippen? Reicht ein akustischer Reiz, die erhöhte Präsenz oder braucht er die körperliche Berührung?
Aber Vorsicht: Intervention ist erst sinnig, wenn du seine Kooperation gefördert und eure Gesprächsebene stabilisiert hast.
Also immer selbstreflektiert schauen, ob du völlig klar bist in deiner Kommunikation, in der Ansprache und der Formulierung dessen, was ihr tun wollt. Du willst ja fair zum Hund sein, damit er dir weiter vertrauen kann.

TÄGLICH ÜBEN

Auch für diese neuen Übungen nehmt ihr euch am besten drei bis vier Wochen Zeit, um das Miteinander zu fördern. Das tägliche Üben gehört einfach dazu auf eurem Weg zum zugewandten Hund.

3

4

DU MUSST DEIN ÄNDERN LEBEN

Ideal ist es, bereits mit dem jungen Hund an der Kooperationsbereitschaft zu arbeiten.

Ganz wichtig: Die Rollen sind geklärt

Es fühlt sich richtig stimmig an, wenn die Rollenverteilung für eine gemeinsame Zielerreichung nicht nur sinnvoll ist, sondern geklärt und beiderseits akzeptiert ist.

Im beruflichen Team klappt es ja auch am besten, wenn jeder am richtigen Platz ist. Für deinen Hund bedeutet diese Klarheit die Gewissheit, dass du ihn optimal unterstützen wirst. Er schätzt dich als seinen sicheren „Hafen", falls die See mal stürmisch wird – um in diesem Bild zu bleiben.

KOOPERATIONSBEREITSCHAFT FÖRDERN

Woran erkennst du, dass dein Hund kooperativ ist? Er wendet sich dir durch Blickkontakt zu, vor allem in konfliktbehafteten Situationen. Auch wenn manche Hunderassen das Geschenk der Kooperationsbereitschaft mehr mitbringen als andere, lohnt es sich, mit jedem Hund am Kooperationsverhalten zu arbeiten. Deine Aufgabe dabei: Übe dich in Geduld, bleibe ruhig. Signalisiere das überzeugend durch eine ebenso stabile wie entspannte Körperhaltung. Beobachte deinen Hund durch peripheres Sehen – das heißt, stelle sozusagen auf Weitwinkel und nehme im Gesamtbild wahr, was geschieht. Bei den Übungen lernt dein Hund, dass er eine kreative Vielfalt an Verhalten zeigen darf, ohne dass du deine neutral-entspannte Haltung aufgibst. Beobachte einfach, wie dein Hund selbstständig Ideen entwickelt, um an sein Ziel zu gelangen. Manche Hunde verstehen schneller als andere, dass sie ihr Problem nur durch Hinwendung, durch Blick zum Menschen lösen können. Deine Geduld könnte gefragt und deine emotionale Stabilität herausgefordert sein. Kannst du es ertragen, wenn dein Hund frustriert ist? Lässt du dich „anstecken", wenn er hochdreht, vehement bellt, energisch zerrt? Atme bewusst, lächle und beobachte wertfrei. Es wird auf jeden Fall etwas passieren. Lass dich einfach darauf ein.

ÄNDERE ZUERST DEIN EIGENES VERHALTEN

Und vergiss nicht: Wenn du Verhaltensweisen deines Hundes ändern möchtest, dann fang an, dein Verhalten zu verändern. Der erste Schritt dahin ist eine verschärfte Aufmerksamkeit auf alltägliche Situationen. Beobachte doch mal, wann du mit weniger zufrieden bist, als du ursprünglich eingefordert hattest. Zum Beispiel sagst du „Sitz", dein Hund entscheidet sich für Hinlegen und du lässt das durchgehen. Wie soll der Vierbeiner Verbindlichkeit in eurer Kommunikation ernst nehmen? Bleibe bei solchen vermeintlichen Kleinigkeiten am Ball, setze deine Anweisung durch.

ZU HAUSE IM NAHBEREICH ANFANGEN

Trainiere eure Verständigung innerhalb der eigenen vier Wände, zum Beispiel in einem Viereck. Solange du im Nahbereich ganz ohne äußere Konflikte keine Verbindlichkeit erreichen kannst, brauchst du auf Distanz erst gar nicht darauf zu hoffen. Also schau in aller Ruhe, wie dein Hund mit deiner Ansprache umgeht. Kommt der erwartete prompte Blick in dein Gesicht? Geht ihr auf dein Signal hin gemeinsam los? Bleibt ihr in der Bewegung im Gleichklang, ohne dass du nachsetzen oder locken musst? Was dir dein Hund in der Distanz an unerwünschten Reaktionen zeigt, lässt sich nur im Nahbereich „heilen". Grundlagen eurer Kommunikation besprichst und festigst du im häuslichen Bereich. Erst dann kannst du darauf überall verlässlich zurückgreifen. Dafür musst du dich systematisch und wiederkehrend bewegen lernen. Und erst, wenn du dir darüber klar bist, wohin ihr beide – dein Hund und du – gemeinsam gehen wollt, darfst du von ihm das freudig-selbstverständliche Mitgehen verlangen, auf das du dich schon jetzt freust. Wenn der Hund nicht erkennen kann, wohin sein Mensch ihn führen will, weil sich der Zweibeiner darüber selbst

Wenn die Übung im häuslichen Rahmen gut klappt, könnt ihr das Programm im Freien fortsetzen.

nicht im Klaren ist, sagt der Hund: „Am besten orientieren wir uns nach meiner Nase." Also lerne körpersprachlich eindeutig zu formulieren, was du willst und dein Hund wird dir folgen. Dafür ist meine Übung das Magische Viereck geradezu ideal geeignet.

MIT MENSCH-MENSCH-ÜBUNGEN BEGINNEN

Um dich sicher zu fühlen, bevor du mit deinem Hund um die vier Ecken gehst, empfiehlt es sich, mit einer Mensch-Mensch-Sequenz zu beginnen. Im Prinzip ist es bei allen Trainingseinheiten ideal, sie zunächst als Trockenübung und am besten mit einem menschlichen Gegenüber auszuprobieren. Dann profitierst du nicht zuletzt vom verbalen Feedback des Partners. Und kannst auch mal in die Rolle des Hundes schlüpfen und erkennen, worauf der am meisten achten muss und dass Zuhören Konzentration erfordert und anstrengend ist. Im Training macht es immer Sinn, zunächst dich – den Menschen – in den Fokus zu nehmen. Du bekommst die große Chance, ein Gefühl für den eigenen Körper zu erarbeiten. Erst dann kannst du in einem zweiten Schritt die Grundlagen der körpersprachlichen Kommunikation legen und Zug um Zug verinnerlichen. Unser Alltag ist geprägt von Variablen. Wir machen vieles im Kontakt zum Hund mal so, mal ganz anders. Wir handeln oft aus einer Stimmung heraus, lassen fünfe gerade sein. Unser Hund kennt uns als überaus tolerantes Wesen, das dadurch aber nicht wirklich in der Verbindlichkeit – und damit in der Verbindung – bleibt, und sie deshalb auch von seinem Hund nicht erwarten kann. Im Konflikt dann dreht sich das Bild plötzlich, der Mensch wird ernst, streng, laut, deutlich und ist enttäuscht, wütend, sauer oder resigniert, wenn der Hund diese absolute Verbindlichkeit ausgerechnet dann, wenn es einmal darauf ankommt, nicht liefert. Dabei sollten wir ehrlicherweise erkennen, dass er häufig nicht liefern kann, weil er es nie lernen durfte.

Der Alltag trainiert dich

Keine Sorge – du wirst trotz der Übungen mit deinem Hund Zeit für den ganz normalen Alltag haben. Und das Beste: Dabei wirst du deine Bewegungssicherheit trainieren können. Du brauchst dir nur einmal bewusst machen, in welchen alltäglichen Situationen du bereits die Bewegungen machst, die du ab jetzt für deine Kommunikation mit dem Hund einsetzen wirst.

Den Einkaufswagen durch den Supermarkt zu schieben ist ideal, um dich körpersprachlich zu schulen. Den dafür nötigen Bewegungsablauf macht jeder Mensch unbewusst sowieso. Wenn du dir ins Bewusstsein bringst, welcher Fuß was wann macht, welche Schulter wie vor oder zurück geht, bekommst du Raum für Veränderungen in der Kommunikation mit dem Hund.

Bei kleinen alltäglichen Verrichtungen kannst du deine Körpersprache schulen: Den stabilen Stand beim Zähneputzen trainieren

1

2

und ganz nebenbei deine Rücken- und Bauchmuskeln stärken. Am Esstisch eine Ansprache einbauen, wenn du den links von dir Sitzenden mit leichter Verlagerung deines Oberkörpers in seine Richtung und natürlich mit seinem Namen ansprichst und um den Salzstreuer bittest.

Werde wach für die kleinen Momente ohne großen Anspruch im Zusammensein mit deinem Hund. Du willst ihn anleinen? Natürlich mit Ansprache mit Namen und Gewichtsverlagerung zu ihm hin. Ihr nähert euch einem Auslaufgebiet? Wieder bewusst die Ansprache zum Hund wählen, dann eine körpersprachliche Einladung aussprechen, ganz nah zu dir zu kommen, und erst dann die Leine ausklinken und deinen Vierbeiner bewusst freigeben, ohne dass er davonschießt. Euch kommt jemand entgegen und du entscheidest dich für ein seitliches Ausweichen. Formuliere diese Aufforderung klar körpersprachlich für deinen Hund und erinnere dich an das entsprechende Element aus den Übungen. Spiele beim Rückruf mal damit, dich bewusst erst zum Hund hin zu verlagern und dann den Raum aufzumachen, indem du einen Schritt nach hinten gehst. Und lass die wichtigen Situationen nicht verpuffen, wenn dein Hund von sich aus immer häufiger zu dir guckt. Deine Freude darüber ist seine Bestätigung.

1 „Komm nah zu mir" gilt auch dann, wenn es gerade so gemütlich bei den anderen ist.

2 Und wenn die Basis stimmt, folgt dein Hund deiner Einladung ganz selbstverständlich.

Du lernst ganz nebenbei, das ganze Leben körpersprachlich zu durchdenken. Du bewegst dich doch sowieso, warum das nicht ins Bewusstsein holen und dich darin schulen? Auch ein erfolgreicher Kampfkünstler, ein Sternekoch oder ein Mannschaftssportler praktiziert Grundlagenarbeit immer wieder. Wenn die Basics sitzen, kannst du auch bei größeren Herausforderungen darauf zurückgreifen und sogar anfangen, zu improvisieren. Beobachte aufmerksam, wie dein Hund darauf reagiert.

Warum nur machen wir es mit unseren Hunden leider allzu oft genau anders herum? Wir schlampen bei den Basics, sodass die Hunde darauf nicht zuverlässig zurückgreifen können – zum Beispiel Sitz, Rankommen, Liegen bleiben. Wenn es uns erst im Konfliktfall darauf ankommt, dass alles hundertprozentig befolgt wird, während wir ansonsten großzügig über abweichendes Verhalten hinwegsehen, werden wir scheitern. Im Konflikt eine gute Lösung zu finden ist die hohe Kunst.

Der Mensch wird zum sicheren Hafen für den Hund.

Sie gelingt nur, wenn Verbindlichkeit, Verlässlichkeit, Zugewandtheit und Kooperationsbereitschaft in aller Ruhe trainiert wurden. Wir machen Grundlagenarbeit, um gewisse Worst-Case-Szenarien nicht zu erleben – leider überspringen wir da aber oft zu früh zu viel von den Grundlagen in Verbindlichkeit und Kooperation und hoffen dann, über Interventionsmaßnahmen doch ans Ziel zu kommen. Dabei wäre es doch viel sinniger, die Grundlagen zu stabilisieren, um dann herausfinden zu können, ob der Hund in einer Konfliktsituation tatsächlich auf die Basics zurückgreift. Tut er das nicht, aufgrund von Genetik oder bereits vorhandenen Lernerfahrungen, erst dann dürften wir eigentlich über Interventionen reden. Es geht darum, in guten Zeiten, also ohne ablenkende Konflikte, deinem Hund das zu erklären, worauf du in schlechten Zeiten, also in konfliktbehafteten Situationen, zurückgreifen willst.

DIE GUTE WECHSELWIRKUNG

Bei all den Übungen in diesem Trainingsplan kann der Fokus variieren. Einem unsicheren Hund helfen sie, den Menschen als sicheren Hafen zu entdecken. Ein stabiler Hund erkennt vielleicht ganz überrascht seinen Menschen als ebenfalls stabile Persönlichkeit und kann sich ihm nun anders zuwenden. Alle Übungen entlarven die individuellen Schwächen – nennen wir sie Entwicklungsfelder – und durch die gemeinsame Arbeit an diesen Potenzialen kannst du eine wirkliche Stabilität in das Zusammenspiel von Mensch und Hund bringen.

Die Persönlichkeit am anderen Ende der Leine

Natürlich will wohl jede Hundehalterin und jeder Hundehalter wissen, welchen Typen sie da an ihrer Seite hat. Und auch für mich als Trainer gilt es zu erkennen, welche Persönlichkeit mir gegenübersteht.

Um den Charakteren näher zu kommen, orientiere ich mich am sogenannten **Big-Five** oder **Fünf-Faktoren-Modell**. Im Englischen wird es als OCEAN-Modell geführt (Openness, Conscientiousness, Extraversion, Agreeableness, Neuroticism). Dabei habe ich beileibe nicht den Anspruch, es vollständig anzuwenden, dafür ist es zu komplex. Sich daran anzulehnen, hilft jedoch durchaus bei der Erfassung der Hundepersönlichkeit. Und es unterstützt die Lernangebote, denn Lernerfolg hängt von der Persönlichkeit ab. Das gilt auch für Hundepersönlichkeiten. Was in den 1930er-Jahren mit über 18.000 Attributen begann, wurde im Laufe der Jahrzehnte runter geschrumpft auf einige wenige Begriffe. Ich nutze sie in vereinfachter Form und schaue, ob mir da ein stabiler oder labiler Hund entgegenkommt, ob er kooperativ oder konkurrierend durch die Welt geht, ein kreativer Freigeist oder ein penibler Beamtentyp ist, er introvertiert auftritt oder sich extravertiert zeigt, empathisch ist oder eher auf sich bezogen, selbstsicher in sich ruhend oder aufbrausend. Natürlich ist niemand absolut so oder hundertprozentig anders. Wie beim Menschen gilt es beim Hund, eine gewisse Skalierung vorzunehmen im Sinne von eher aufgeschlossen für neue Erfahrungen oder eher skeptisch bis misstrauisch.

Ist der Hund schüchtern oder zögerlich, hilft ihm häufig Körperkontakt.

Alle Hunde sind Individualisten und dennoch geprägt von ihrer Genetik. Durch die Selektion in der Zucht werden gewisse Eigenschaften verstärkt und andere zurückgedrängt. Dennoch bleiben sie vorhanden und können durch Förderung gestärkt werden. Über Training lässt sich immer eine Veränderung hervorrufen, selbst wenn rassetypisch eigentlich etwas anderes im Vordergrund steht. So kann ein Herdenschutzhund kooperatives Verhalten entwickeln, wenn dieses Potenzial entsprechend angetriggert wird. Dafür muss sich der Mensch fragen, ob er bereit ist, die entsprechende Förderung zu betreiben, auch wenn es länger dauert. Ausdauer und Beharrlichkeit sind schließlich wichtige Eigenschaften.

Aber, das will ich nicht verschweigen, es wird Hunde geben, die die Verbindlichkeits- oder die Näheübung ihr Leben lang schrecklich finden werden. Trotz dieses Widerstandes werden auch diese Tiere zugewandter und zugänglicher, wenn ihr Mensch dran bleibt. Diese Hunde fordern geradezu dazu auf, dranzubleiben. Sie fragen ihren Menschen, wie ausdauernd er ist und ob er dabei die gute Stimmung halten kann, die förderlich ist für die Entwicklung. Zeigt ein Hund sogar mit seinen Zähnen, wie sehr er das Üben ablehnt, gilt es genau abzuwägen, ob ein Maulkorb ausreicht, um den Menschen zu stärken oder ob besser professionelle Unterstützung gesucht wird.
Und es lohnt – wie immer – genau hinzuschauen. Border Collie, Australian Shepard oder Schäferhunde gelten zwar generell als kooperativ, aber sind sie wirklich ganz dem Menschen zugewandt? Genetisch wird eher verstärkt, dass ihr Blick bei den Schafen bleibt und für den Menschen ein Ohr an Zugewandtheit reicht. Wollen wir den vollen Blick zurück zu uns aufbauen oder reicht uns ein kurzer Schulterblick?

Für die Einschätzung des Kooperationswillens eignen sich die entsprechenden Übungen aus meinem Repertoire. Da erkenne ich, wie ausgeprägt das angeborene Persönlichkeitsmerkmal vorhanden ist. Daraus leitet sich dann ab, wie ich es gezielt fördern kann. Je mehr Kooperationswillen ein Hund mitbringt, desto weniger brauche ich in der Ansprache oder in einer Unterbrechung. Das Thema Extraversion zeigt sich im Verhalten zu Nähe und Distanz, in der Verbindlichkeitsübung. Durch das Training will ich meinen Hund offener für neue Erfahrungen machen, seine Persönlichkeit gezielt fördern, Potenziale erschließen. Im Zusammenspiel ist dann entscheidend, welche Rolle der Mensch einnimmt. Bei eher labilen Charakteren muss der Mensch der stabile Faktor werden. Ein stabiler Hund braucht ein Mehr an Klarheit und Kompetenz vom Menschen. Du musst bei dem bleiben, was du verlangst, gerade wenn der Hund das hinterfragt. Und wer schon sehr glücklich mit seinem kooperativen Hund ist, sollte diese Fähigkeit nicht verkümmern lassen, indem die Hundehalterin bzw. der Hundehalter zu wenig bestärkend darauf eingeht.

DEIN HUND DER STRATEGE

Hunde sind hochkomplexe Lebewesen, die ein ausgeprägtes Gefühl für Raum und Zeit haben. Diese Fähigkeit nutzen sie in der Kommunikation mit uns Menschen natürlich gern. Lerne zu erkennen, welche Strategien dein Hund verfolgt, was seine Stärken sind, wo seine Schwächen liegen.

Dein Verhalten löst das Verhalten des Hundes aus

Beim Training ist es auf jeder Ebene der Übungen wichtig, zu erkennen, ob das Verhalten des Hundes durch das Verhalten des Menschen ausgelöst wurde. Fair ist, zu differenzieren, ob der Hund nur sein eigenes Interesse verfolgt oder der Mensch körpersprachlich noch nicht klar kommuniziert. Ein Dilemma der körpersprachlichen Arbeit ist es, dass man seinen Hund eigentlich nie sehen kann, denn wenn er gut mitmacht, läuft er auf deiner Schulterhöhe oder leicht dahinter. Du kannst also nicht erkennen, ob er tatsächlich korrekt mitläuft – du kannst es spüren, hören, an der lockeren Leine wahrnehmen und auf Videos sehen. Den Kontrollblick musst du auf jeden Fall unterlassen, denn er löst immer Hundeverhalten aus. Deshalb ist es gut, ab und zu das Training mit der Kamera zu begleiten und/oder sich Feedback von einem aufmerksamen Beobachter einzuholen. Lass dich nicht irritieren, wenn dein Hund plötzlich weicher wirkt, im Energieniveau heruntergefahren ist. Manche fragen sich dann besorgt, ob es dem Tier nicht gut geht. Dabei sind diese Wahrnehmungen Indizien für eine gewünschte Veränderung. Sie tut dem Hund gut, der entspannter sein kann, weil er dir vertraut und deine Kompetenz anerkennt. Das sind Voraussetzungen für seine Zuwendung zu dir.

Veränderungen in der Mensch-Hund-Beziehung sind immer möglich, vor allem wenn der Mensch auf der Vernunfts- und Verstandesebene mit der Veränderung bei sich beginnt.

1

2

Auf zwei Beinen am anderen Ende der Leine

Wenn es um „Persönlichkeit" geht, habe ich bisher fast nur über Hunde gesprochen. Zur Kooperation gehören aber immer (mindestens) zwei.

Auch Hundehalterinnen und -halter unterscheiden sich in ihren Persönlichkeiten. In einer älteren Studie der Uni Bonn zur Mensch-Hund-Beziehung wurden zum Beispiel naturverbundene und soziale Halterinnen und Halter charakterisiert. Sie machen immerhin 43 Prozent aller Hundeleute aus. Eine Psychologin fand bei ihrer Untersuchung zudem prestigeorientierte, vermenschlichende Hundehalterinnen und -halter (22 Prozent) und die stark auf den Hund fixierten, emotional gebundenen (35 Prozent). Wie Mensch und Hund miteinander klarkommen,

1–3 Alltagsbegegnungen unterschiedlicher Mensch-Hund-Persönlichkeiten und dennoch bilden im Konflikt alle eine stabile Gemeinschaft.

3

hängt weniger vom Hund als von den Einstellungen und den Verhaltensweisen „am anderen Ende der Leine" ab. Der Mensch muss Inhalte und Ansprüche glaubwürdig und verständlich vermitteln können. Da schwingen auf beiden Seiten – beim Menschen und beim Hund – Persönlichkeit, Vorerfahrungen, Lernverhalten mit. Wer dazu mehr wissen will, folgt dem Link: https://www.uni-bonn.de/de/universitaet/presse-kommunikation/presseservice/archiv-pressemitteilungen/2008/psychologie-der-mensch-hund-beziehung

WENIGER IST MEHR

Du willst mehr? Verständlich, aber baue Steigerungen im Übungsaufbau immer erst dann ein, wenn auf der Basisebene alles wirklich verlässlich, absolut stabil läuft. Eigentlich logisch, dass etwas, was ohne „Konflikt" noch nicht hundertprozentig klappt, im Konfliktfall mit ziemlicher Sicherheit scheitert. Aber auch das ist nicht schlimm – du kannst jederzeit wieder einen Schritt zurückgehen und mit einer erfolgreichen, wenn auch etwas einfacher angelegten Übung enden. Das tut euch beiden gut, deinem Hund genauso wie dir.

VOM
KONFLIKT
WEGDENKEN

ZUGEWANDT IN JEDER LEBENSLAGE?
Wie schön, wenn der Hund im Konfliktfall zuerst beim Menschen nachfragt, was zu tun ist. Und das Lösungsangebot Nummer eins heißt: „Komm nah zu mir."

Verhalten in stellvertretenden Situationen

Wie weit ihr auf eurem Weg zur harmonischen Beziehung inzwischen gekommen seid, zeigt dir dein Hund in stellvertretenden Situationen. Das konntet ihr bereits mit den diversen Übungen testen.

Wendet sich dein Vierbeiner dir in konfliktbehafteten Situationen ohne deine Intervention oder Aufforderung immer häufiger aus eigener – intrinsischer – Motivation zu, dreht er sich um und fragt bei dir nach, wie er mit dem Konflikt umgehen soll, desto näher kommt ihr eurem Ziel: dem wirklich zugewandten Hund.

Wer das Glück hat, damit direkt beim Welpen oder beim Junghund anfangen zu können, wird ohnehin kaum Interventionen benötigen. Hunde, die aufgrund von Lernerfahrungen und Genetik tatsächlich erst einmal bevorzugt zum Konflikt denken, sich (und dich) im Konflikt wirklich verlieren, benötigen da wahrscheinlich weitergehende Eingriffe. Herauszufinden, ob die Intensität der Ansprache erhöht werden muss, damit der Hund vom Konflikt wegdenkt und aufnahmebereit wird für das, was du dann im Nachgang als gemeinsame Handlung formulierst, kann ein ebenso spannender wie herausfordernder Prozess sein. Daran wachsen Hund und Mensch – und natürlich wachsen sie dadurch auch zusammen. Vor allem, wenn als Alternativverhalten die Nähe eingeführt wird. Sie garantiert ja die Stabilität in der Gemeinschaft. Wer zueinander gefunden hat, kann neu denken und selbst mit Konflikten konstruktiv umgehen.

Deshalb geht es in diesem Buch gar nicht viel um Intervention, sondern vor allem um den gezielten Aufbau von Verbindlichkeit und Stabilität in der Gemeinschaft. Dafür habt ihr euch **Lerninseln** geschaffen. Sie helfen, Nähe zum Menschen neu zu definieren, neu zu erleben. In dieser Phase ändert sich zunächst beim Gassi-Gehen nichts. Der Hund darf sich in dieser Aufbauzeit draußen so verhalten wie bisher. Erst wenn es auf häuslichen Lerninseln stabilisiert ist, kannst du anfangen, das Element der Nähe, die Zuwendung deines Hundes zu dir, als Lösung im Konfliktfall im Spaziergang einzubauen. Natürlich nicht gleich im reizüberfluteten Umfeld, wenn gerade nebenan auf der Hundewiese die Partystimmung steigt. Fang damit einfach mal an, wenn euch ein unbekannter Hund entgegen kommt. Hole deinen Vierbeiner zu dir ran, führe ihn in einen Richtungswechsel, beobachte, wie gut dein Hund dir folgt, wie groß sein Interesse ist, bei dir zu bleiben, vor allem mit seinem Kopf. Bleibt er mit dir im Gespräch? Geht er mit dir aus der Situation heraus oder löst er sich doch aus der Verbindlichkeit? Erkennst du den Moment, in dem er sich verabschieden will, eigene Wege dem gemeinsamen vorzieht? Braucht er eine deutliche verbale Ansage? Reagiert er, wenn du mit dem Fuß aufstampfst, wenn du dich zu ihm hin verlagerst? Es ist gut, damit zu experimentieren – ist bereichernd wie Lesen lernen auf einer anderen Ebene. Ein wesentlicher Zusatzeffekt: Fair ausgetragene Konflikte können extrem zusammenschweißen. Sie stärken die Verbindlichkeit und Verlässlichkeit, fördern die Orientierung in deinen schutzbietenden Nahbereich.

Die körpersprachliche Ansage des Menschen ist eindeutig: wegdenken vom Konflikt und ausweichen.

Balance von Freiheit und Grenzen

Für meine Arbeit als Coach für Hund und Mensch inspiriert mich die deutsche Pädagogin Rebecca Wild. Sie sagt, dass wir Kindern gerade in der heutigen Zeit Räume bieten müssen, in denen sie sich ausprobieren dürfen.

Das bedeutet, dass die Erziehungsberechtigten nicht ständig eingreifen und mit ihrem „Nein" die Entdeckerfreude bremsen dürfen. Entscheidend dabei ist jedoch, dass diese Freiräume nicht ohne Regeln sind. Kinder brauchen kompetente Ansprechpartner und transparente, verbindliche Regeln zum gemeinsamen Umgang. Es geht also um die Balance von Freiheit und Grenzen. Bei meinen Kindern konnte ich das in ihrer Zeit im Waldkindergarten beobachten. Im „Chaos des Waldes" gibt es jeden Tag ein vertrautes Ritual: Präsenz der Erwachsenen, Bauwagen, Hängematte, Lesedecke und so weiter. Alle finden sich im Morgenkreis zusammen, starten dann in eine gemeinsame Wanderung mit vereinbarten Zwischenzielen. Bis dahin dürfen die Kinder allein flitzen. Treffen sich alle sicher am verabredeten Zwischenziel, geht die Reise weiter. Bricht einer aus, gibt es zunächst eine Ermahnung und bei erneutem Verstoß bleibt das Kind an der Hand einer Vertrauensperson. Am Spielort angekommen, wird wieder Vertrautes aufgebaut oder der Frühstückskreis eröffnet. Die Rituale und die vertrauten Menschen geben der kindlichen Perspektive Halt und Sicherheit. Wie schön wäre dieses Bild für unser Zusammenleben von Mensch und Hund. Ich bin überzeugt davon, dass sich das nicht mit Techniken und Hilfsmitteln verwirklichen lässt. Bei vielen Techniken geht es nicht um Nachhaltigkeit, sondern eher um punktuelle Eindrücke mit kurzzeitigen Wirkungen.
Was fehlt, sind klare gemeinschaftliche Bewegungen, die der Mensch vorgibt und auf die der Hund einsteigt. Und natürlich die Nähe. Je weniger Nähe der Mensch einfordern kann, desto schwieriger werden natürlich alle Interventionshandlungen. Im Gegenteil, häufig führen die Interventionsversuche des Menschen sogar noch zu Distanzvergrößerung. Oft genug wird das erste „Sich-Verlieren" übergangen. Dabei wäre es so wichtig und viel fairer, bereits dort anzusetzen. Wenn die Intervention zu spät erfolgt oder lediglich eine Umlenkung bewirkt, läuft sie ins Leere.

Interventionen wirken meist nur kurzfristig

Spätestens in der zweiten Stunde des Coachings werde ich meist schon nach Interventionen gefragt. Viele Menschen halten es für das Wichtigste, unerwünschtes Verhalten ihres Hundes gut unterbrechen zu können.

Klar, es gibt viele Möglichkeiten der Intervention, sehr einfache, leicht umzusetzende. Kurzfristig zeigen sie sogar Wirkung. Häufig führen sie jedoch zu Distanzvergrößerung zwischen Mensch und Hund, wirken entzweiend. Deshalb ist mir im Aufbau zunächst wichtig, die Gemeinschaft zu stabilisieren. Damit biete ich dem Hund ein Alternativverhalten zum Konflikt. „Kehre ein bei mir", soll das Zauberwort zur Lösung aller Probleme werden. Also ganz einfach, „Lass das, komm zu mir!" Je mehr der Hund gerade auch im Konflikt mir zugewandt ist, desto weniger muss ich intervenieren. Dann bleibt Intervention ein manchmal passendes Mittel, wird jedoch nie zum Dauerzustand. Wer wünscht sich denn einen Alltag, in dem die meisten Interaktionen zwischen Mensch und Hund Interventionscharakter haben? Würden wir uns an der Seite eines solchen Sozialpartners gut aufgehoben und wohlfühlen?

INTERVENTIONSSTUFEN

Erinnerst du dich an die Herausforderungen am Magischen Viereck, als an den Eckpunkten Konfliktsituationen inszeniert wurden? Dein Hund hat sich aus eurer Verbindlichkeit verabschiedet, verliert sich zum Futter, hat nur noch Augen und Ohren für die Leckerei. In dieser Situation kannst du alle Stufen der Intervention anwenden. Die mildeste ist, dein Gewicht zum Hund zu verlagern und seinen Namen zu sagen. Das kennst du aus der Ansprache, dem Element der Distanzverringerung. Reagiert er darauf nicht, kannst du die Intensität der Ansprache steigern. Zeitgleich zum Verlagern – dieses Basiselement bleibt immer erhalten – stampfst du zusätzlich mit deinem dem Hund zugewandten Bein auf. Oder du schnalzt mit der Zunge, schlägst

Eine leichte Berührung hinter der Schulter wirkt, die Aufmerksamkeit geht wieder zum Menschen.

HAT DEIN HUND DAS PRINZIP NÄHE VERSTANDEN?

Interventionen machen nach meinem Verständnis nur dann Sinn, wenn ich dem Hund im Kern erklärt habe, was ich von ihm will. Dabei spielt das Alternativangebot „Komm her zu mir, komm nah zu mir, bleib bei mir“ (siehe Seite 62) die entscheidende Rolle. Erst wenn der Hund den Grundsatz der Nähe als ultimativen Problemlöser verstanden hat, darf ich mir als Mensch das Recht herausnehmen, zu intervenieren. Erst dann – und das ist mir wirklich wichtig – kann ich das Repertoire an Korrekturen feinfühlig anwenden. Hat der Hund über das Mittel Intervention verstanden, was ich möchte, und ist wieder gesprächsfähig, greifen die Prinzipien von Verbindlichkeit und Kooperation, heißt das bekannte Lösungsmodell Nähe und die Interventionen bleiben außen vor.

Schon geht es gemeinsam weiter.

dir kurz auf die Hüfte oder den Oberschenkel. Oder du lässt die Leine auf deine Jacke klatschen.
Reicht auch diese Intervention mit der akustischen Zugabe nicht, kannst du in der nächsten Wiederholung genau im Moment der Verlagerung deines Oberköpers zum Hund hin einen Leinenimpuls nach oben geben. Damit willst du den Reflex auslösen, dass dein Vierbeiner hoch zu dir schaut.
Ist der Leinenimpuls ebenso wenig zielführend, probierst du in der nächsten Sequenz, was dein Hund zu deiner kurzen Berührung hinter seiner Schulter sagt. Schaut er zu dir? Wie lange bleibt sein Blick bei dir? Wenn nicht, nimmst du dir an seiner Schulter Haut und Fell in deine Faust und hältst einfach mal. Pass dafür genau den Moment ab, in dem der Hund sich nach vorne verliert. Wenn er sich dann zum Menschen wendet, löst du den Griff und formulierst, was jetzt zu tun ist. Das ist sogar das Wichtigste bei allen Interventionen: **Auf jede dieser Unterbrechungen folgt eine Erklärung, was neu zu tun ist. Und wenn ihr immer fließender im Einklang miteinander seid, baust du natürlich deine Interventionsmittel Zug um Zug ab.** Schließlich wollt ihr gemeinsam dahin kommen, dass deine klar erkennbare, körpersprachlich exakt formulierte Verlagerung zum Hund hin reicht, um seine Aufmerksamkeit auf dich zu lenken.

Kannst du deinen Hund aus jeder Situation zu dir rufen?

IN DEN AUGEN DEINES HUNDES IST JEDER RÜCKRUF WILLKÜR

Je früher ich Hundehalterinnen und -haltern das Instrumentarium Intervention in die Hand gebe, umso eher werden sie darauf zurückgreifen. Und genau das möchte ich vermeiden. Zum einen sind Interventionen immer Drucksituationen. Sie können als Ultima Ratio notwendig sein. Aber vorher ist es gut und wichtig, ein Verständnis für die Bandbreite und das Wesen von Interventionen zu entwickeln. Im Grunde genommen ist bereits jede Ansprache eine Intervention – und aus Sicht des Hundes pure Willkür, solange nicht gemeinsam vereinbart wurde, dass die Ansprache und der Rückruf immer etwas Verbindendes sind.

BEISPIELE FÜR KONFLIKTSITUATIONEN

Lass uns ein paar Konfliktsituationen anschauen. Dein Hund möchte zu einem Menschen hinlaufen. Er blickt in Richtung des Menschen und würde offensichtlich gern hingehen. Das bedeutet, dass sich dein Hund von dir entfernt, sich aus eurer Gemeinschaft hinausbewegt und vielleicht sogar schon an der Leine zieht. Lassen wir Menschen dieses Verhalten unkommentiert, denken sogar: „Ist ja nett, er will nur Hallo sagen", entscheidet der Hund allein über sein Verhalten. Das ist das Gegenteil von zugewandt. Oder du hast einen Vierbeiner, der sich im Konfliktfall hinter dir versteckt. Klingt unproblematisch, aber auch hier reguliert der Hund Nähe zu seinen Konditionen, sucht nicht das Gespräch mit seinem Menschen. Das wird dein Hund dann auch nicht tun, wenn auf der Wiese neben eurem Weg eine fette Hundeparty steigt oder Rehe euren Weg kreuzen.

Bevor Interventionen ins Spiel kommen, solltest du zunächst ein Gefühl dafür bekommen, wo dein Hund sich im Gespräch verliert und genau dann angemessen körpersprachlich agieren: Ihn ansprechen und klar formulieren, was ihr gemeinsam tun werdet. So kommt ihr miteinander ins Gespräch über den eigentlichen Konflikt. Und das in aller Ruhe und Gelassenheit. Wer einen dynamischen Hund hat, lässt sich in schwierigen Situationen sonst vielleicht zu hektischem Verhalten hinreißen. Dabei ist es so wichtig, Konflikte mit Ruhe zu lösen, dem Hund ein souveränes Vorbild zu sein.

Vielen Hundemenschen sind Konflikte mit ihrem Tier eher unangenehm. Erst wenn ein Verhalten – meist in der Öffentlichkeit – gar nicht zu tolerieren ist, greifen sie ein. Oft ist dann die Stimmung sowieso schon gekippt, der Mensch ist gereizt. Dabei ist es existenziell wichtig, die Beziehung im Nahbereich zu klären, auf niedrigschwelligem Stresslevel bei allen Beteiligten. Wer da Verbindlichkeit und Verlässlichkeit aufbaut, gibt Orientierung und kann Schutz garantieren.

Konfliktsituationen voraussehen

Schärfen wir gemeinsam den Blick auf unser menschliches Konflikt-(Vermeidungs-)Verhalten. Lernen wir, Konfliktsituationen vorauszusehen, zu antizi-

Folgt er willig deiner Einladung und kommt nah zu dir? Trau dich, das immer mal wieder zu fordern, ganz ohne „äußeren" Anlass. Erst wenn es ohne Konflikt verlässlich klappt, darfst du es auch bei Ablenkung und Außenreiz verlangen.

pieren, und den Hund rechtzeitig anzusprechen, bevor die Situation eskaliert. Also in guten Zeiten erklären, was ich im Ernstfall will. Die Anfänge dafür gehören – wie mehrfach betont – in den häuslichen Bereich. Und wer beim Hund gezielt die Kooperationsbereitschaft steigert, wird erleben, wie das Tier in konfliktbehafteten Situationen von sich aus Nähe und Entscheidungskompetenz des Menschen sucht.

DER TRAUM VON DER HARMONISCHEN BEZIEHUNG

Wer träumt nicht von einer durch und durch harmonischen Mensch-Hund-Beziehung? Vom wortlosen Verstehen, von untrennbarer Verbundenheit, absoluter Verlässlichkeit? Selbst wenn wir uns in diesem Buch auf eine gelingende Kommunikation zwischen Zwei- und Vierbeiner konzentrieren, wird es in eurem Zusammensein mit dem Hund in der einen oder anderen Situation auch um Interventionen gehen müssen. Mit solchen gezielten, angemessenen Korrekturen gilt es, den Hund im unerwünschten Verhalten zu unterbrechen oder seine Aktion komplett abzubrechen.

Erinnere dich einmal daran, wie peinlich es dir ist, wenn dein Hund im Restaurant um dein Essen bettelt oder gar laut bellend deinen Tisch gegen den Kellner verteidigt. Oder wenn er nur pöbelnd an anderen Hunden vorbei zu zerren ist? Oder wenn es klingelt und dein Hund zur Tür prescht. Selbst wenn er sich dann auf seinen Platz schicken lässt und dort bleibt, geht vielleicht die Nase über den zugewiesenen Raum hinaus, liegt eine Pfote weiter vorn, überschreitet die Rute die gesetzte Grenze. Braucht er einen attraktiven Knochen, um überhaupt auf seinem Platz zu bleiben? Hunde haben schon früh einen klaren Blick für Raum und Zeit. Dein Hund weiß also ganz genau, welchen Raum du ihm zugewiesen hast – und überschreitet die gesetzte Grenze ganz bewusst.

Was hindert dich, in all diesen Situationen deutlich zu kommunizieren, wie unhöflich das Verhalten deines Hundes ist? Wie kommunizierst du das überzeugend? Lockst du mit dem ultimativen Leckerbissen? Setzt du einen Leinenimpuls? Stampfst du mit dem Fuß auf, schlägst du dir auf den Oberschenkel? Starrst du deinen Hund böse an? Reißt du ihn heftig zurück? Und gehst du dann in die übertriebene Wiedergutmachung: Ja suuuuuper, ja feiiiin – wenn er sich beeindruckt zeigt? Wirkt das authentisch? Würden wir einen so auftretenden Menschen ernst nehmen? Und kommt nach dem korrigierenden Impuls die entscheidende klare Ansprache, was ihr gemeinsam tun wollt?

WENIGER IST MEHR

Du hast durchaus etliche Möglichkeiten, deine Ansprache zum Hund zu intensivieren. Reagiert der Vierbeiner auf Gewichtsverlagerung und Ansprache mit seinem Namen nicht mit der gewünschten Erhöhung seiner Aufmerksamkeit, kannst du mit dem zu ihm gewandten Fuß aufstampfen, seinen Namen akzentuierter aussprechen, dir auf die

Hüfte klatschen, mit der Leine gegen die Jacke schlagen oder in deine Ansprache hinein an der Leine deutlich nach oben zupfen.
Selbstverständlich kannst du deinen Hund auch taktil erreichen, ihn kurz an der Schulter berühren, wie du es vielleicht auch bei Kindern machen würdest, die dir aus dem Gespräch flutschen wollen. Mit diesem Repertoire kannst du experimentieren, mit jeder einzelnen Maßnahme, und mit Variationen in der Energiedosierung. Natürlich ist es nicht sinnvoll, alle Vorschläge auf einmal auszuprobieren. Behalte stets im Hinterkopf, dass diese Maßnahmen nur sinnvoll sind, wenn sie dazu führen, dass sich dein Hund dir daraufhin wieder aufmerksam zuwendet. Blickt dein Hund zu dir, ist es ganz entscheidend, dass du prompt in das gewünschte Verhalten überführst. Gebe mit deinem Blick vor, wohin sich dein Hund bewegen soll – natürlich weg vom Konflikt, näher zu dir. Achte darauf, dass deine Schulter ihm den Weg öffnet. Dein Hund versteht dann: „Was du gerade tust, finde ich nicht gut." Und du sagst ihm: „Lass uns doch gemeinsam dorthin gehen." Du öffnest ihm eine Tür, du führst. Und das in ruhiger, neutraler Stimmung.
Interventionen sind niemals die Dauerlösung. Im Gegenteil, du willst ja gerade ohne diese Hilfskonstruktionen mit deinem Hund durchs Leben gehen. Deshalb ist es so wichtig, dass dein Bewegungsablauf konsistent ist und bleibt. Damit schaffst du die Verlässlichkeit, die dein Hund für eure Kommunikation braucht. Hast du auf eine intensivierte Ansprache zurückgegriffen, überprüfe zeitnah, wann eine maßvolle, stimmungsneutrale Ansprache wieder ausreicht, um deinen Hund zurück in euer Gespräch zu holen. Wenn du merkst, du musst zu häufig intervenieren, dann ist die Alternative nicht die härtere Intervention. Besser, du gehst dann ein paar Schritte zurück im Trainingsaufbau und intensivierst eure Verständigung mit den Basisübungen.

SCHAU MIR IN DIE AUGEN KLEINER

Dein Hund ist ein ausgeprägter Smalltalker? Ruf ihn zu dir, gebe ihm Raum zu kommen und halte seinen Kopf fest und freundlich so zwischen deinen Händen, dass er dir ins Gesicht schauen muss. Dabei schaust du leicht über ihn hinweg. Deine

Es tut gut, die Verbindlichkeitsübung immer wieder mal aufzufrischen.

innere Haltung dazu: Ist gar nicht schlimm, so siehst du aber, wie ich aussehe und dass meine Stimmung neutral ist. Wichtig ist, dass du diese Übung beendest, indem du den Hund freigibst oder mit einem sanften Wegschick-Impuls touchierst.
Wer die Chance hat, einen Wurf zu beobachten, kann Hundemütter sehen, die ganz ähnlich die Gemeinschaft des Rudels aufbauen und festigen. Die Hundemutter holt immer mal wieder alle Welpen zusammen und verhindert, dass einer ausbüchst. Sie greift sich einzelne Welpen raus, positioniert sie zwischen ihren Vorderbeinen und lässt sie so verharren. Wer zappelt, bekommt eine Ansage – und wenn nötig auch mehrere. Leider intervenieren heutzutage viele Züchter bei diesem mütterlichen Verhalten. Woher sollen die Welpen dann Ausdrucksverhalten lernen?
Hündische Intervention lässt sich zudem wunderbar beobachten, wenn ein Welpe an die Zitze will. Hält die Mutter den Zeitpunkt für falsch, signalisiert sie das zunächst über einen warnenden Blick. Bleibt der Welpe im Konflikt, geht der Kopf der Mutter hoch, der Oberkörper folgt. Reicht auch das nicht aus, wird die Hündin knurren. Ist der Kleine besonders hartnäckig, legt die Mutter ihre Pfote auf seine Schulter oder schnappt ab. Ein solches Szenario ist essenziell für das Lernen von Ausdrucksverhalten für den Welpen – und der gut beobachtende Mensch profitiert davon für sein eigenes Interventionsverhalten am Hund.

Kein Allheilmittel

Selbst wenn du deine Körpersprache optimal verfeinert hast, dein Hund unabhängig von Rasse, Herkunft, Alter gelernt hat, dir immer besser zuzuhören, ist diese erfreuliche Entwicklung nicht gleichbedeutend mit dem Ende aller eurer „Themen". Gewisse Auseinandersetzungen werdet ihr in eurem Team weiterführen und dafür manches Mal auch andere Elemente der Verständigung einsetzen müssen. Allerdings weiß ich aus meiner Erfahrung als Körpersprachler eines ganz sicher: Wenn du körpersprachlich gut kommunizierst, hört dein Hund schon mal konzentriert zu und ihr betretet gemeinsam einen neuen Raum, in dem Veränderung entstehen kann.

Nach diesem kleinen Sidestep in das weite Feld der Interventionen, die für mich ganz klar nur ein Randthema sind und für unsere Arbeit auf dem Weg zum zugewandten Hund keine wirkliche Rolle spielen sollen, konzentrieren wir uns lieber wieder auf Kooperation und Verbindlichkeit. Bevor du mit deinem Hund zur nächsten Einheit im Trainingsplan gehst, erinnern wir uns an das bisher Erreichte. Ihr habt sowohl frontal als auf den Seiten neben dir das Nähe-Thema bearbeitet. Ihr konntet Erfahrungen im Viereck sammeln, als ihr gemeinsam den abgesteckten Weg gegangen seid. Du weißt, wann dein Hund eine zweite Ansprache braucht und wie du diese dosieren musst, um seine Aufmerksamkeit zurückzugewinnen. Du kannst deinen Vierbeiner im Engtanz bewegen, indem er deinen sorgsam geführten Blicken folgt. Jede dieser Übungen kannst du einzeln ausführen, du kannst sie kombinieren, in einer gewissen Komplexität zusammenführen, sie in einzelne Elemente zerlegen und daran ganz kleinschrittig eure Verbindlichkeit und eure Kooperation vertiefen. Du konntest dich in Körperarbeit schulen, deinen Hund durch das energetische Klopfen öffnen. Ihr habt euch beide viel besser kennengelernt. Ihr seid bereit, das Neue auch schon ein Stück weit in euren Alltag zu integrieren. In Konfliktsituationen draußen greifst du auf das Erlernte zurück und dein Hund wählt im Zweifelsfall die beste Alternative, die Nähe zu dir. Das ist schon ganz schön viel, was ihr erreicht habt. Darauf könnt ihr aufbauen. Lass uns weiter vorangehen auf deinem Weg zum zugewandten Hund. Ich bin dabei gern an deiner Seite.

Ein Leitmotiv für die nächsten Schritte gebe ich dir mit: Hunde bewegen uns sowohl körperlich als auch emotional. Wir Menschen trauen uns häufig nicht, körpersprachlich und emotional gelassen das wahrzunehmen, was uns die Hunde damit schenken.

Wer so entspannt in der Gruppe agieren kann, ist weit gekommen auf dem Weg zum zugewandten Hund.

NEUE REIZE SETZEN

So geht es weiter

Ihr habt bereits bewiesen, dass ihr konfliktbehaftete Situationen meistern könnt. Grund genug, stolz auf euch zu sein. Und genau der richtige Zeitpunkt, um den nächsten Meilenstein auf eurem Weg anzupeilen.

Sitzt die gemeinsame Vierecksübung auch mit den selbst kreierten Konflikten in den eigenen vier Wänden gut und verlässlich und ohne Interventionsbedarf, baust du das Magische Viereck (siehe Seite 116) im Garten, auf einem Parkplatz, im Park oder im Wald auf.
Das Üben am Viereck zeigt dir, wie stark deine Ansprache sein muss, wie oft du sie wiederholen musst, damit euer Gespräch kontinuierlich weitergehen kann. Die Leine ist dein Feedback-System: Sie muss immer locker bleiben. Sitzt die Übung unter diesen veränderten Außenbedingungen stabil, kannst du an einzelnen Eckpunkten mit weiteren Ablenkungen arbeiten (Futter, Mensch, Hund, Spielzeug). Im Idealfall bleibt dein Hund voll und ganz dir zugewandt, egal was die Außenwelt zu bieten hat.

DER SEITENWECHSEL

Jetzt fehlt euch noch das körpersprachliche Vokabular für den Seitenwechsel. Der hilft zum Beispiel, wenn die Ablenkung auf euch zukommt und du zwischen deinen Hund und den Konflikt gelangen möchtest.

Seitenwechsel ohne Konflikt

1 Stabiler Stand

2 Ansprache zum Hund

Seitenwechsel mit Konflikt

1 Ansprache zum Hund

2 Bewegung zur anderen Seite

Wichtig ist auch hier, deinen Blick erst zum Hund, dann hin zum Ziel zu führen. Du willst deinen Hund an lockerer Leine von deiner linken auf die rechte Seite führen?

So geht's

- Leine in der linken Hand, Hund links neben dir.
- Blick und Ansprache zum Hund,
- Verlagerung nach links, deine Schulter verlagert sich nach rechts rüber, die Leine führt vor deinem Körper mit der rechten Hand nach rechts,
- Hund folgt, dein Gewicht geht wieder auf das linke Bein,
- Blick geht nach oben, der Hund kommt rechts neben dir zum Stehen.

Jetzt steht einem gemeinsamen Tänzchen nichts mehr im Wege. Ihr nähert euch der nächsten Ausbildungsstufe, in der die zugewandte Kommunikation fast schon spielerisch praktiziert wird.

3 Bewegung des Hundes zur anderen Seite

4 Ranholen mit Gewichtsverlagerung

5 Ankommen des Hundes

3 Ankunft des Hundes

4 Ansprache zum Hund

5 Gemeinsames Bewegen vom Konflikt weg

EINLADUNG ZUM MITTELALTERTANZ

Nicht nur mir, sondern auch den allermeisten Hunden, mit denen ich das schon ausprobieren durfte, ist es ein wirkliches Vergnügen, das eingeübte Repertoire in einem Tänzchen zusammenzuführen. Das sind beglückende Momente, wenn ein bisher eher schüchterner oder misstrauischer Hund seinen Menschen dabei freudestrahlend anschaut. Wie ein Tanz aus alten Zeiten wirkt es, wenn der Mensch seinem Hund körpersprachlich leicht, fast schon elegant, vermitteln kann: „Du bist gemeint. Komm her zu mir. Komm nah zu mir. Geh mit mir dahin." Die bisher erarbeiteten Übungselemente fließen in diesem Mittelaltertanz, wie ich die Übung nenne, rhythmisch zusammen. Das ist für mich das Sinnbild der verbindenden und zugewandten Kommunikation: Raum geben, Raum nehmen und neue Räume gemeinsam betreten.

So geht's

Im Prinzip geht es hier um folgende Elemente:

- Ansprache zum Hund,
- Raum über 45-Grad-Schulterdrehung öffnen,
- gemeinsam an lockerer Leine gehen,
- vor der Wendung Ansprache,
- Verlagerung,
- öffnen,
- eindrehen,
- Hund zum Nahekommen einladen,
- ansprechen: „Komm her zu mir!",
- Ansprache: „Komm näher zu mir!",
- Ansprache: „Losgehen in die andere Richtung".

Das ist die Königsdisziplin und du kannst sie kreativ aufbauen wie es dir gefällt. Zum Beispiel:

- aus dem Geradeausgehen einen Schritt weg vom Hund machen,
- ihn ansprechen,
- leicht seitlich rausgehen als Einladung zum Näher-zu-dir-kommen,
- dann einen seitlichen Schritt,
- Richtungswechsel und immer weiter, solange es euch Freude macht.

Die Bewegungen sind vorher alle geübt, es verändert sich jetzt die Perspektive. Was bleibt, ist immer

1 Beginn der Ansprache zum Hund

2 Komm her zu mir!

3 Die Einleitung der weiteren Öffnung zum Näherholen

die Verlagerung zum Hund bei der Ansprache, die Öffnung in den Raum, der Blick dahin, wo du deinen vierbeinigen Tanzpartner hinbewegen willst. Wenn du das Grundprinzip verinnerlicht hast, jemanden da anzusprechen, wo er ist, und wenn du in der Ansprache weißt, wohin du den anderen bewegen oder mitnehmen willst, funktioniert das geradezu traumtänzerisch. Diese Übung ist die Einladung zum spielerischen Umgang mit den erarbeiteten

4 Komm näher zu mir!

5 Die Ansprache

6 Der gemeinsame Richtungswechsel

7 Der zugewandte Hund in Bewegung

Übungselementen. Mancher hat dabei Übereinstimmungen entdeckt mit den Debütantinnen beim Wiener Opernball, andere fühlen sich an ein Wasserballett erinnert. Hier zeigt sich, ob du inzwischen mit den Schultern denkst und nicht mit den Füßen. Traue dich zu experimentieren. Was passiert, wenn du die Stimmung variierst, mal Stakkato tanzen willst, mal ganz albern wirst. Je weniger du über die technischen Abläufe nachdenkst, desto mehr Raum ist für Bauchgefühl: Was braucht der andere jetzt? Welche Räume will ich öffnen? Über eine Schritt für Schritt erarbeitete stabile Technik kannst du nun ganz viel für eure Gemeinschaft tun. Das schafft wirklich schöne Momente und viele Seminarteilnehmerinnen und -teilnehmer haben mir vom Gänsehautgefühl dabei erzählt. Das bekommen selbst Zuschauerinnen mit, weil die hohe Präsenz des Hundes bei diesem gemeinsamen Tanz so stark beeindruckt.

1 Bewegung auf einen Konflikt zu

2 Eindrehen zum Hund, sodass der Konflikt passieren kann

FINALE ÜBUNG

Vom Tanzsaal wechseln wir nun mit der finalen Übung zum Bummel in die Einkaufsstraße. Komm mit in die Shopping-Meile. Auch in dieser Übung fließt alles bisher Erarbeitete zusammen.

So geht's

- Du stehst neben deinem Hund. Blick geradeaus.
- Leine in der rechten Hand. Hund rechts neben dir.
- Ansprache mit Verlagern auf den rechten Fuß zum Hund hin.
- Gemeinsam losgehen.
- Vor der Wendung verlagern zum Hund,
- Ansprache,
- einen Schritt rückwärtsgehen,
- eindrehen zum Hund,
- Hund zum Näherkommen einladen,
- Leinenhand wechseln,
- linke Schulter öffnet den Raum,
- Hund ansprechen und gemeinsam geradeaus gehen.

Und das wie in der Fußgängerzone durchspielen, mit mehreren Richtungswechseln, ausweichen vor (gedachten) Ablenkungen wie Menschen und Hunden, anhalten am Schaufenster – dabei kannst du dann auch mal einen Block setzen:

- Gemeinsam losgehen und nach ein paar Schritten drehst du dich zum Hund ein – man spricht hier von einem körpersprachlichen Block.
- Nach dem Eindrehen vor deinen Hund den Blick rausnehmen,
- einen kleinen Schritt nach hinten machen,
- kleinen Schritt zur Seite gehen und dabei bleibt dein Hund in seiner Position, bis du ihn wieder über Ansprache zum gemeinsamen Losgehen aufforderst.

Beim Eindrehen ist es mir wichtig, dass dein Hund prompt steht und dir zugewandt bleibt. Machst du zu wenig Druck, läuft er vielleicht einfach weiter, machst du zu viel Druck, springt er eventuell weg. Experimentiere mit der Dosis deiner Block-Energie und finde das angemessene Maß für euch beide. Dann habt ihr eine ideale Ausgangslage für die gesamte Übung, die quasi ein Repetitorium aller bisherigen Elemente darstellt.

- Mensch und Hund starten gemeinsam nebeneinander,
- nach ein paar Schritten dreht sich der Mensch zum Hund,
- stoppt ihn, weist ihm somit einen Raum zu.
- Der Mensch nimmt seinen Blick nach oben raus, entkräftet damit die Lage,
- geht einen Schritt nach hinten, ohne Blick zum Hund ein Stückchen weg.
- Der Hund bleibt in seiner Position, der Mensch geht einen Schritt zur Seite, natürlich wieder ohne den Hund anzuschauen. Du weißt ja, wie entscheidend dein Blick ist.

3 Beim Weitergehen nähert sich der nächste Konflikt. Hier wird der Hund angesprochen.

4 Gemeinsame Öffnung

- Dann verlagert sich der Zweibeiner zum Hund und lädt ihn ein mitzukommen.
- Nach ein paar Schritten tanzt ihr den Mittelaltertanz und marschiert gemeinsam zum Ausgangspunkt zurück. Ein harmonisches Bild, wenn der Hund dem Menschen die ganze Zeit zugewandt bleibt.
- Am Ausgangspunkt führt der Mensch den Hund dann von rechts nach links wie in der Übung Seitenwechsel und alles kann von vorne beginnen.

5 Gemeinsame Bewegung vom Konflikt weg

DEIN PROBELAUF MIT MENSCH-MENSCH-ÜBUNG

Diese Abläufe lassen sich natürlich sehr gut in einer Mensch-Mensch-Übung vorbereiten. Nutze dabei den Vorteil, dass dein zweibeiniges Gegenüber dir klare Rückmeldungen über deine Körpersprache und über deine Mimik geben kann. Wirkst du unfreundlich und abweisend, weil du (noch) so konzentriert auf die Bewegungsabläufe bist? Das merkt auch dein Hund und lässt sich möglicherweise davon irritieren. Ein Lächeln spielt nicht nur um deine Lippen, bewegt nicht nur deine Gesichtsmuskulatur. Es wirkt in jede Zelle deines Körpers, prägt deine Ausstrahlung und kommt beim Hund an.
Es wirkt wie ein Verstärker für das freudige Miteinander. Das kann auch deine Übungspartnerin auf zwei Beinen wahrnehmen und dir spiegeln. Dieses Wissen kannst du vielfältig nutzen.

6 Die Drehung wie im Mittelaltertanz zur Einleitung des Richtungswechsels

ZUM SCHLUSS

Alles Gute für deinen Weg zum zugewandten Hund!

Ihr seid ein großes Stück weiter

Ihr habt durchgehalten, du und dein Hund. Wie schön – Glückwunsch. Das ganze Training, auf das ihr euch eingelassen habt, dient ja stets als Vorbereitung auf den Alltag. Das werdet ihr im Prozess bereits gemerkt haben, so hoffe ich, bin ich mir eigentlich sicher.

Du hast deine Fertigkeiten erweitert. Du bist in der Bewegung mit deinem Hund im Einklang. Du hast ein größeres Repertoire an Handlungsweisen und setzt sie, auch bei Konflikten, gezielt ein. Du entscheidest, wann ihr euch gemeinsam abwendet, weg- oder vorbeigeht, seitlich eure Position bezieht. Du kannst dank der Sicherheit in deinem eigenen Körper Situationen vorausschauend einschätzen. Das verleiht dir Souveränität. Die zeigst du durch deine gleichbleibend höflich-freundliche Ansprache zu deinem Hund und deine überzeugende Variabilität im Verhalten. Und natürlich in deiner klaren Formulierung all dessen, was du und dein Hund gemeinsam tun wollt. Dein Hund bestätigt dich durch seine harmonische Verbindung zu dir. Gute Gründe, stolz zu sein.
Ihr seid auf eurem gemeinsamen Weg zum zugewandten Hund ein großes Stück weitergekommen. Näher an eurem Ziel, in dem sich Sehnsucht und Hoffnung erfüllen können. Egal wo, egal wann: Bleibt einander zugewandt, dein Hund und du! Immer öfter, immer vertrauensvoller und vertrauter. Lebt diesen ewigen Prozess der sich vertiefenden Zugewandtheit.

Vielleicht hast du jetzt noch Lust auf etwas Bonusmaterial? Dann betrachte Körpersprache einmal auf der Ebene von Mensch zu Mensch, wie Renée Herrnkind das für ein Interview auf den folgenden Seiten mit mir für die Zeitschrift info3 getan hat.

Fremdsprache Körpersprache?

Haltung wirkt. Das erlebt Sami El Ayachi tagtäglich. Der 46-Jährige ist Rechtsanwalt und als Hundetrainer spezialisiert auf körpersprachliches Longieren der Vierbeiner. Dabei geht es dann vorrangig um die Schulung der menschlichen Körpersprache.

Von Renée Herrnkind

Wann haben Sie Körpersprache erlernt und verstanden?

Ein wirkliches Bewusstsein dafür habe ich als 17-Jähriger bekommen. Damals hat der Co-Trainer unserer Hockeymannschaft an unserer Haltung gearbeitet. Welchen Ausdruck, welche Focussierung, welche Stabilität hast du? Und danach habe ich tatsächlich eine Wirkung gespürt. Durch meinen Vater war ich mit Kampfkünsten in Berührung, auch da spielt Körpersprache eine große Rolle: Stabiles Stehen und Oberkörperspannung. Das war mir schon vertraut, aber nicht wirklich im Bewusstsein. Lange Zeit habe ich mich dann gar nicht mehr damit beschäftigt, bis mich mein Hund auf die Spur gebracht hat. Ich wollte sein Verhalten besser verstehen und bin mit dieser Frage dann bei mir, meiner Körpersprache, meiner Haltung gelandet. Das hat mich gepackt und ist zum Beruf – zur Berufung – geworden. Heute geht es mir darum, dass Menschen sich ihrer Körperhaltung bewusst werden. Der Hund wirkt dabei wie ein Spiegel und kann Türen öffnen, Erkenntnisse und Entwicklungen im Menschen ermöglichen.

Begegnen Ihnen körpersprachliche Analphabeten?

Ohne despektierlich zu sein: Weit über 80 Prozent der Menschen haben sich noch keine Gedanken über ihre Bewegung gemacht. Bewegung beginnt im Kopf und mündet in den Füßen. Dafür fehlt das Bewusstsein. Dabei drücken wir uns doch unentwegt über unseren Körper aus. In der Kommunikation geht es darum, meinen Ausdruck körperlich sichtbar zu machen. Am Ende müssen innere und äußere Haltung übereinstimmen. Der erste Schritt dahin kann schon sein, rein technisch die körperliche Haltung zu verändern. Das macht bereits was im Inneren. Dafür habe ich verschiedene Übungen entwickelt, die in den Seminaren zunächst von Mensch zu Mensch gemacht werden.

Da kommt die sprachliche Rückmeldung zur körperlichen Wahrnehmung und weckt das Verständnis für Abläufe. Wie spreche ich jemanden an, wohin geht mein Blick, wie wende ich mich dem Gegenüber zu, lasse Raum, verstehe seine Antwort, kläre eindeutig, was wir gemeinsam tun werden. Wenn das dann geradezu spiegelbildlich gelingt am Longierkreis mit dem Hund, berichten mir Menschen von Gänsehaut und Glücksgefühlen.

Was bedeutet dieser Sprachschatz für Ihren Alltag?

Mit Sicherheit bin ich ein anderer Kommunikator als vor 15 Jahren. Ich experimentiere auch mal mit meinem körpersprachlichen Ausdruck. Was passiert, wenn ich mich in hitzig werdenden Diskussionen buchstäblich ein Stück rausnehme? Wie erreiche ich meine Kinder mit meiner Aufforderung? Wie viel Ansprache braucht mein Gegenüber? Kann ich durch meinen Blick jemanden bewegen? Und ich beobachte gern Menschen. Ich kann sehen, wie sich jemand bewegt. Das sagt mir was über die Persönlichkeit und die Absichten. Wichtig ist mir dann, nicht gleich ins Interpretieren zu rutschen. Vielleicht zeigt mir jemand die „kalte Schulter", weil sein Nacken verspannt ist und nicht, weil er mich ablehnt. In einem Workshop für junge Juristen ging es den Kollegen zum Beispiel um mehr Präsenz. Was fehlt, wenn die nicht gelingt? Wie stelle ich mich dar? Wie sehe ich mich selbst? Das sind spannende Fragen, die über körpersprachliche Erfahrungen Antworten bekommen können. Das ist ja weder Teil der Ausbildung noch sind wir gesegnet mit körpersprachlichen Vorbildern. In der Erziehung werden Kinder häufig sogar gebremst, sich körpersprachlich auszudrücken. Ich erlebe da eine gewisse Zerrissenheit in der Gesellschaft. Ein Teil möchte gern mehr darüber wissen, ein anderer Teil blendet es aus und geht immer stärker in die Digitalisierung. Dabei brauchen wir das Analoge in der Kommunikation. Es kommt doch auf das Unmittelbare an. Ich möchte Wege öffnen zur Rückkehr in die Ursprünglichkeit. Dafür ist der Hund ein Mittler. Vielleicht macht gerade das für viele Hundemenschen einen Teil der Faszination durch den Vierbeiner aus.

Was passiert, wenn Menschen sich ihrer Körpersprache bewusst werden?

Es fasziniert mich immer wieder, wenn ich innerhalb von zwei Seminartagen Körperbewusstsein auslösen kann. Wenn mir zum Beispiel Lehramts-Referendar*innen eine Woche später schreiben, dass ihre Ausbilder nachfragen, was passiert ist, weil sie plötzlich so präsent wirken und die Schüler*innen

Wer seine Körpersprache kennt, kann sie bewusst einsetzen.

ansprechbarer sind. Es ist eben doch entscheidend, wie jemand in einer Situation steht, buchstäblich.

Unterscheidet sich Körpersprache je nach kulturellem Kontext, bei Frauen und Männern?

Im arabischen Raum oder in Südeuropa gestikulieren Menschen sicherlich mehr als bei uns. Aber das kann die Absichten auch verschleiern. Oft hebt gerade eine Minimalbewegung jemand aus den Angeln. In Körpersprache immer feiner zu werden, nuancierter, das ist die große Kunst. Weil Mädchen häufig früher sprachlich durchstarten, setzen sie nach meiner Beobachtung dann weniger auf Bewegungen. Jungs probieren sich mehr aus, nehmen Raum ein, messen sich, beobachten ihre Wirkung.

Zum Beispiel dem Gegenüber Raum nehmen oder Raum geben

In Corona-Zeiten bekommt Körpersprache noch einmal einen größeren Stellenwert, oder wie erleben Sie das?
Absolut. Abstand und Maske, das sind wirklich merkwürdige Zeiten. Aber zum Thema Körpersprache können wir gerade viel lernen. Wir müssen anders beobachten. Sehen das Lächeln um den Mund nicht, aber entdecken es in den Augen. In anderthalb Meter Entfernung kann ich den Menschen im Ganzen sehen, von oben nach unten wahrnehmen in allen Facetten. Mir fehlt der Handschlag mehr als das Umarmen. Wenn ich jemand jetzt nicht mehr an die Hand nehmen kann, muss ich den Moment des Handreichens anders einfangen. Wie halte ich den anderen an, wie bleibe ich im Kontakt? Das entschleunigt unsere Begegnungen, reduziert die Flüchtigkeit, macht Begegnung vielleicht wertvoller, ernsthafter, echter.
Manche Annäherungsprozesse gingen möglicherweise einfach zu schnell, haben möglicherweise auch zu mehr Aggressivität beigetragen. Wenn wir Menschen uns jetzt auf Abstand einlassen, kann da eine Chance entstehen, wieder höflicher miteinander umzugehen. Es läuft nicht mehr so ritualisiert ab, ich kann kreativ was Neues einführen. Ich respektiere vielleicht eher, welchen Raum der oder die andere braucht. Nähe kann ich auch über ein, zwei Meter Abstand herstellen. Und natürlich sehe ich auch die Kehrseite: Misstrauen, Unsicherheit, Angst vor dem anderen als Virenschleuder. Da müssen wir aufpassen, wo es für uns hingeht. Wir entscheiden auch hier über unsere innere Haltung.

Was bedeutet eine aufrechte Haltung für Sie?
Aufrecht heißt, zu sich selbst stehen, Fehler einräumen, Verantwortung übernehmen für die eigenen Taten. Aufrecht heißt, gut balanciert mit beiden Beinen im Leben zu stehen, mich zu spüren. Aus einem stabilen Stand Standpunkte einnehmen und damit spielerisch umgehen, mich einbringen, mich rausnehmen. Haltung heißt nicht, mich ständig einzumischen, sondern dem anderen zuhören, ihm Raum geben.

Mit freundlicher Genehmigung des Info3 Verlags.

Danke

Ein riesiges Dankeschön geht an unsere Hunde. An alle Hunde, die mit mir und meiner Familie gelebt haben und mit uns leben. An die Hunde und ihre Menschen, die mir in den letzten Jahren mit so viel Offenheit und Interesse begegnet sind (pro Jahr immerhin rund 700 Hunde und 1.000 Menschen). Durch euch kann und konnte ich lernen und in meiner Arbeit wachsen. Ihr alle gebt mir die Möglichkeit, meine Passion zu leben. Für immer dankbar bin ich meinem ersten Briard Paul, genannt Paule, der mich zum Longieren geführt hat. Gar nicht kleiner ist der Dank an meine Familie: Jana, Lia, Noam und Jonan. An meine Schwiegereltern Annely und Wolfgang Loth und meine Cousine Nicole Zeitz für fachlichen Austausch und familiäre Zeit. Erika und Yassine El Ayachi für Förderung und Unterstützung.

Jörn Lorenzen (Klopfen) und Jonas Ben Chaabane danke ich für fachlich-freundschaftlichen Austausch. Jennifer Rotter für Impulse zu diesem Buch. Oliver Heermann, genannt Böckelühr, für den wunderbaren Ort „Rheingassi" in Köln. An Familie Sara und Michael Niedrig geht mein Dank für Gastfreundschaft und das wunderbare Ambiente des Gut Neuwerk für das Foto-Shooting.

Dankeschön sage ich allen Freundinnen und Freunden – ihr seid zu viele, um alle eure Namen hier zu nennen. Ihr habt mit eurem Sein und eurem Dasein zum Gelingen dieses Buches beigetragen.

Den vielen Veranstalterinnen und Veranstaltern, die mich seit vielen Jahren einladen und beste Rahmenbedingungen für meine Workshops schaffen, gilt ein großer Dank.

An Renée Herrnkind geht mein Dank für die vielen Momente des Zuhörens und dem gelungenen Umsetzen meiner Gedanken in die Sprache dieses Buches.

Dem Kosmos-Verlag bin ich dankbar für die Möglichkeit, dieses zweite Buch zu schreiben. Und dem Kosmos (oder wem auch immer) danke ich für die schicksalhaften Begegnungen, die zum richtigen Zeitpunkt die passenden Menschen und Hunde mit den passenden Impulsen in mein Leben geführt haben.

Sami El Ayachi

Danke, Sami, für die Chance, Fragen zu stellen. Ich liebe es, dieser „beruflich legitimierten" Neugier nachzugehen. Es war mir ein Vergnügen und eine Ehre, in den Gesprächen mit dir dem Wesen deiner Arbeit näherzukommen und es in passende Worte zu packen. Ich bin mir sicher, für Hunde und ihre Menschen wird die Lektüre dieses Buches wesentlich sein. Schön, wenn wir mehr zugewandte Hunde sehen können.

Ich danke meinen ehemaligen Kollegen in der Redaktion, die 1974 meinen ersten Welpen Oskar willkommen geheißen und seine stinkenden Fleischknochen unter meinem Schreibtisch ertragen haben. Mein Dank geht natürlich ganz besonders an Oskar, Mozart, Anka, Nico, Kerry, Lea, Lola, Kira, Kaalotta, Maalin, mit denen ich mein Leben teilen durfte und darf. Ihr seid die wahren Lehrer:innen.

Renée Herrnkind

Auch wenn die gute Fee nicht gleich um die Ecke kommt, ist hier Platz für

DREI WÜNSCHE

Sami hat sich für diese entschieden:

—

In jedem städtischen Umfeld große, umzäunte Auslaufflächen für alle Hunde mit Unterteilungen für den passenden Größen-Mix.

—

Ein Hundezentrum, in dem alle Aspekte des Lebens mit Hund Raum finden, vorgelebt und durchlebt werden – vom Hundetraining bis zum Hunde-Shop, mit Seminaren und Vorträgen, alternativen Behandlungsangeboten, Friseur und dem gemütlichen Café zum Verweilen.

—

Menschen, die lernen, sich selbst zuzuhören und Hunden zuzuhören, sie wahrzunehmen in dem, was sie ausdrücken.

Service

ZUM WEITERLESEN UND WEITERKLICKEN

Argyle, Michael:
Körpersprache & Kommunikation, Junferverlag 2013

Benesch, Doris und Horst:
Kinderglück mit EFT, Benesda Verlag 2014

Berndt, Christina:
Resilienz – Das Geheimnis der psychischen Widerstandskraft, DTV-Premium Verlag 2014

Bohne, Michael:
Bitte Klopfen, Carl Auer Verlag 2011

Coppinger, Raymond und Mark Feinstein:
Die Etholgie der Hunde, Wissenschaftliche Grundlagen zum Verhalten, Kynos Verlag 2018

El Ayachi, Sami:
Körpersprachliches Longieren mit Hund, Kosmos-Verlag 2015
Grundlagen der körpersprachlichen Kommunikation mit Hunden, Video, Kosmos Verlag 2020

Eul-Matern, Christina:
Taschenatlas Akupunktur bei Hund und Katze, Sonntag Verlag 2018

Feddersen-Petersen, Dorit Urd:
Hundepsychologie, Kosmos-Verlag 2014,
Ausdrucksverhalten beim Hund, Kosmos-Verlag 2008

Fischer, Martin, S. und Karin E. Lilje:
Hunde in Bewegung, Kosmos-Verlag 2011

Gansloßer, Udo und Kate Kitchenham:
Hunde-Forschung aktuell, Kosmos-Verlag 2020
Beziehung-Erziehunhg-Bindung, Kosmos-Verlag 2015

Gansloßer, Udo (Hrsg.), Sami El Ayachi:
Expertenwissen für Hundehalter, Filander Verlag 2018, Bd. 9

Gansloßer, Udo (Hrsg.), El Ayachi, Sami und Jörn Lorenzen:
Expertenwissen für Hundehalter, Filander Verlag 2020, Bd. 11

Grewe, Michael und Inez Meyer:
Hoffnung auf Freundschaft, Kosmos-Verlag 2012
Hunde brauchen klare Grenzen, Kosmos-Verlag 2010

Heberer, Ute, Brede, Nora und Normen Mrozinski:
Aggressionsverhalten beim Hund, Kosmos-Verlag 2017

Kotrschal, Kurt:
Hund und Mensch, Brandstätter Verlag 2016

Krokowski, Carola:
Akupunkturpunkte Pferd/Hund/Katze, Igelsburgverlag 2018

Kropp, Dirk und Christina Barandun:
Aikido – Die friedfertige Kampfkunst zur Persönlichkeitsentfaltung, Kösel Verlag 2009

Loth, Wolfgang:
Auf den Spuren hilfreicher Veränderungen, Verlag Modernes Lernen 1998

Mehl, Robert:
Die Psyche des Hundes, Kosmos-Verlag 2021

Miklosi, Adam:
Hunde. Evolution, Kognition und Verhalten, Kosmos-Verlag 2011

Nitzschner, Marie:
Die Persönlichkeit des Hundes, Kosmos-Verlag 2021

Poestges, Klaus:
Chan-Shaolin-Si, Hackbart-Verlag 1994

Reinicke, Claudia A. und Michael Bohne:
Klopfen mit Kindern, Carl Auer Verlag 2019

Schindler, Hans, Loth, Wolfgang und Janina von Schlippe:
Systemische Horizonte, Vandenhoeck & Ruprecht 2011

Scheflen, Albert, E.:
Körpersprache und soziale Ordnung, Klett-Cotta Verlag 1994

Specht, Simone:
Meridiantafeln für die Akupressur beim Hund, Ulmer-Verlag 2015

Stümpfig-Rüdisser, Tina:
Jin Shin Jyutsu – Heilströmen für Hunde, Schirmer Verlag 2016

Trappmann-Korr, Brigit:
Hochsensitiv: Einfach anders und trotzdem ganz normal, VAK Verlag 2010

Tsirigatis, Cornelia, Loth, Wolfgang, von Schlippe, Arist und Jochen Schweitzer-Rothers:
Coaching für Eltern, Carl Auer Verlag 2015

Ücüncü, Gülay:
Der gelassene Hund, Kosmos-Verlag 2019

Wild, Rebeca:
Freiheit und Grenzen, Liebe und Respekt, Beltz Verlag 2003
Mit Kindern Leben lernen, Beltz Verlag 2002
Lebensqualität für Kinder und andere Menschen – Erziehung zum sein, Arbor Verlag 1996

Zimen, Erik:
Der Hund. Abstammung-Verhalten-Mensch und Hund, Goldmann Verlag 2010

UNTERWEGS IM NETZ

www.longieren-mit-hund.de
www.hund-stadt-mensch.de
www.facebook.com/renee.herrnkind/
www.komjun.de
www.fotografie-anna-auerbach.de
www.juttastegers.de
www.kynologisch.net
www.das-wunjo-projekt.de
www.pec-institut.de
www.ziemer-falke.de
www.tiere-in-not-odenwald.de
www.rheingassi.com

REGISTER

BILDNACHWEIS

230 Farbfotos wurden von Anna Auerbach/Kosmos für dieses Buch aufgenommen. Weitere Farbfotos von Elke Fiebert (2: S. 31o, 31u), Gina Capitoni (5: S. 110/111), Laura Galuschka(1: S. 169)

1 Farbzeichnung von Wolfgang Lang (S. 78).

IMPRESSUM

Umschlaggestaltung von Claudia Adam Graphik-Design, Bad Kreuznach unter Verwendung von Farbfotos von Anna Auerbach/Kosmos und Laura Galuschka (hintere äußere Umschlagklappe unten)

Mit 238 Farbfotos und einer Farbzeichnung

Gedruckt auf chlorfrei gebleichtem Papier

ISBN 978-3-440-16919-3
Redaktion: Ute-Kristin Schmalfuß
Gestaltungskonzept: GRAMISCI Editorialdesign,
Cornelia Sekulin, München
Gestaltung und Satz: Atelier Krohmer, Dettingen/Erms
Produktion: Nina Renz
Druck und Bindung: Westermann Druck Zwickau GmbH, Zwickau
Printed in Germany / Imprimé en Allemagne

FSC
www.fsc.org
MIX
Papier | Fördert gute Waldnutzung
FSC® C110508